自制力

如何掌控自己的情绪和命运

董楠 著

广东旅游出版社

中国·广州

图书在版编目（CIP）数据

自制力：如何掌控自己的情绪和命运 / 董楠著. — 广州：广东旅游出版社，2018.10（2024.8重印）
ISBN 978-7-5570-1473-5

Ⅰ.①自⋯ Ⅱ.①董⋯ Ⅲ.①成功心理－通俗读物 Ⅳ.①B848.4-49

中国版本图书馆CIP数据核字（2018）第200737号

自制力：如何掌控自己的情绪和命运
ZI ZHI LI：RU HE ZHANG KONG ZI JI DE QING XU HE MING YUN

出 版 人	刘志松	
责任编辑	何　方	
责任技编	冼志良	
责任校对	李瑞苑	

广东旅游出版社出版发行

地　　址	广东省广州市荔湾区沙面北街71号首、二层	
邮　　编	510130	
电　　话	020-87347732（总编室）　020-87348887（销售热线）	
投稿邮箱	2026542779@qq.com	
印　　刷	三河市腾飞印务有限公司	
	（地址：三河市黄土庄镇小石庄村）	
开　　本	710毫米×1000毫米 1/16	
印　　张	14	
字　　数	160千	
版　　次	2018年10月第1版	
印　　次	2024年8月第2次印刷	
定　　价	58.00元	

本书若有倒装、缺页影响阅读，请与承印厂联系调换，联系电话 0316-3153358

序 言

外界对每一个人都有诱惑，有的人因为贪欲迷失了自己，有的人为了理想放弃了诸多东西，有的人在尘世中随波逐流。之所以有这样的差别，就是因为每个人的自制力有区别。自制力，顾名思义就是对自我的控制能力，包括对情绪、目标、诱惑以及拖延等方面的控制。一个自制力强的人清楚地知道自己该做什么，会为了自己的目标而排除万难，抵御一切诱惑，专心致志地做自己的事，所以会越来越成功。而那些自制力差的人，很难将所有的精力都放在自己要做的事情上，即便是有确定的目标，也容易被无关的事物吸引，可见自制力对一个人的影响之大。人因为有欲望才得以生存，所以人不可没有欲望，但是如果欲望太多，对人的影响无疑是负面的，这时发挥作用的就是人的自制力了。

既然自制力对人如此重要，那么我们应该了解一些会影响自制力的因素，只有更好地了解它，才能扬长避短，发挥出它的最大作用，让它为我们所用。首先人应该正确地认识自己，一个人只有正确地认识自己，才能在遇事的时候不因外界的改变而失去自我。有人因为不了解自己，当遇到困难的时候，会看不清自己要走的路，而人在迷茫的时候极容易受到别人的影响，就会造成"别人怎么说，我就怎么做"的结果，事实上，别人所说的方法，并不一定适合我们，因为他们看到的只是某方面的自己，而不是全面的，我们可以借助别人更客观地看待自己，但不能把认识自己这件事全部寄托到他人身上。所以人应该正确地认识自我，才能更好地掌控自己的未来。

人生活在这世上，性格受到了遗传、家庭、学校以及社会等方面的影响，因此每个人的性格都是与众不同的，有的人性子比较急躁，做事风风火火，有事情总是希望在最短的时间里完成；有的人性格温吞，做事不求速度只求质量；还有的人看情况决定怎么做。因为性格有所不同，所以自制力也是不同的。本书将人的性格分成四大类，可以帮助我们更好地了解自制力。

一个人自制力的强弱还体现在情绪控制上。遇到想不通的事情，不要钻牛角尖，不能因为事情很糟糕，就让自己陷入一种负面的情绪，要知道情绪可以影响一个人的办事效率，但它是附属于我们的，所以不要让自己被情绪控制，我们是它的主人，而非奴隶。另外，一个意志力强的人其自制力必然也强，所以他们在有目标后会为之付出巨大努力，一个人若有必胜的决心，又怎么会不成功？我们必须从心底里坚信，自己是一个自制力强的人，然后约束自己的行为，去做自己该做的事，不该做的坚决不做，只有自制力强的人，才能掌控自己的命运。

目录

Part 1　人性 AB 面：分清镜子里的人到底是谁

我们对自己有一个评价，别人对我们也有一个评价，这两者之间必然存在着差别，那么到底哪一个评价是准确的？想要正确认识自己，并不是一件容易的事，但是如果一个人连自己都不了解，更别说掌握自己的未来了，所以正确认识自我是学会自制的第一步。

走出迷宫，你不能永远沉睡 / 3

你的性格，调配你的命运 / 8

并非所有的习惯，都是坏的 / 13

嘿，你今天检查自己了吗？/ 17

你也有"鸵鸟心态"吗？/ 22

别做摆钟，摇摆不定 / 27

Part 2　多维思考：
你又不是牛，为何被情绪牵着鼻子走

喜、怒、哀、惧是人的基本情绪，人生气的时候会发火，开心的时候会大笑，难过时大哭，这是再正常不过的事了。但是在某些时刻，为了不让事情变得糟糕，一些人学会了控制自己的情绪，所以他们才与众不同，这就是自制力带给他们的积极作用。

忍不了的时候，再忍一下 / 33
别人不是你肚子里的蛔虫 / 38
不要和自己过不去，哪有那么多气 / 41
你的自控速度，要快过坏情绪的传染速度 / 46
预想最坏的结局——但结局往往没那么坏 / 51
滚蛋吧！坏情绪 / 56

Part 3　目的感：
你的自我管理方式透露出你的层次

一个有了目标的人，就像是在黑暗中有了一盏路灯，指引着他前进的方向，所以我们为了达到自己希望看到的结果，也应该为自己设立一个合理的目标。在我们实现目标的过程中必然会遇到重重阻碍，自然也离不开自制力，当我们有了强大的自制力，就没有什么能打败我们。

你的兴趣里藏着你的目的 / 63
需要你用心理会的永远只是自己 / 66
远离恶意打击你的人 / 70
跳起来摘苹果 / 74

除了你自己，没人能打败你 / 78
没有方向，注定了你过漆黑的人生 / 82

Part 4　意志力的极限：
打败欲望，才能与世界握手言和

有一位历史学家说过这样一句名言："即使是智者，也难摒弃追求功名这个事情。"可见不只是我们普通人，即便是名人也追求功名，但是同样是追求功名，有的人收获了名利而且被人铭记，而有的人却留下骂名，其中的差别就是人能否控制自己的欲望。

你的清心寡欲也是"欲" / 89
不能"制欲"，迟早会掉进"无底洞" / 93
想要的越多，越容易"撑死"自己 / 96
守住内心，才不会一叶障目 / 100
不必总把焦点放在别人身上，你才是宝藏！ / 102
欲望再强，也要在心里设置一个底线 / 106

Part 5　搞定拖延：
放任自流的下场就是自取灭亡

生活节奏的加快，并没有让人的行动变得迅速，反而有越来越多的人表现出一种症状：不到最后期限，绝不放手去做，这就是我们常说的拖延症。拖延症并不可怕，可怕的是我们以此为借口，放任自己随波逐流，错失原本能得到的成功。

你的缺陷不是事情做不好，而是根本不去做 / 113
别被"明天会更好"给骗了 / 116
动起来！动起来！动起来！重要的事情说三遍 / 120
懒说："这锅我不背" / 125
你还有救，所以别放弃治疗 / 129

Part 6　不完美，才美：
残缺也有值得欣赏的一面

因为有了不幸，我们才能更深刻地理解幸福的定义。没有任何人的人生是一帆风顺的，生活中会有诸多不幸和遗憾，但是正是因为有了这些，我们的生活才变得多姿多彩，没有残缺做比较，完美也就没有了意义，所以不要为生活中的不完美而忧虑，它们会教会我们珍惜。

99分与100分的差别 / 137
执着是个褒义词，但固执不是 / 142
别让"完美"毁了你 / 145
追求完美，并不意味着要完美地活着 / 149
别总把自己和他人比较，你也是不一样的烟火 / 153
揭开"红蓝黄绿"四大性格的神秘面纱 / 157

Part 7　精进自定义：
你的勇气价值百万

生活中出现的挫折，不是每个人都有勇气去面对它，一个人在失败面前没有勇气，就有可能从此一蹶不振。每个人都要遭受磨难，有自制力的人不会给磨难以可乘之机，他们会及时调整好自己的状态，永远不会放弃前行的勇气。

打败你的不是外界 / 163

从哪里跌倒，就从哪里绝地反击 / 167

你有勇气，体内才会有"洪荒之力"！/ 172

那些勇往直前的人，最后都怎么样了？/ 176

赌一把，大不了重新来过 / 181

丢了什么，也别丢了前行的力量 / 186

Part 8　疗愈与暗示：
告诉自己，你一样可以有高层次的人生

每个成功人士成功前都曾对自己抱有必胜的信心，遇到困难的时候，他们在心底里说一定会想到办法，而在成功后他们也会很快重新出发，他们说这只是达成了一个目标。给自己积极的心理暗示，会发现自己身上存在着巨大的潜力，它会激励着我们不断取得成功。

那个"未知"的你最强大！/ 193

挖掘出心底的冰山 / 197

你的心理态度，决定了人生高度 / 200

你本来就很美 / 203

让最有能量的情绪主导你 / 207

条条大路通罗马 / 210

PART 1

人性AB面：
分清镜子里的人到底是谁

我们对自己有一个评价，别人对我们也有一个评价，这两者之间必然存在着差别，那么到底哪一个评价是准确的？想要正确认识自己，并不是一件容易的事，但是如果一个人连自己都不了解，更别说掌握自己的未来了，所以正确认识自我是学会自制的第一步。

走出迷宫，你不能永远沉睡

人和动物之间，既有区别又有联系。人之所以可以称为高级动物，就是因为，在某些方面和动物不同。人类拥有思想，所以人可以用思想约束自己的言行举止，知道自己要做什么、不该做什么，而动物则比较随心所欲了。我们之所以能站在高处，正是因为如此。换句话说就是，因为我们有思想、有目标，所以才有了前进的动力，才会让自己变得越来越好。

而一个有自制力的人，必然也是能认清自己位置的人。其实不管是做什么事，我们首先应该做的就是了解自己，一个人，只有当他了解自己的时候，才能正确地认识自己，知道自己的才能和长处，并在现实生活中将其发挥出最大的优势。在这个物欲横流、快速发展的时代里，很多人已经渐渐地迷失了自我，他们不知道自己要做什么，也感觉不到快乐，这样的人是悲哀的，但是每一天、每一刻都有这样的人出现。都说社会是个大染缸，原本是白色的人，被丢到这里面就会生出各种颜色，而能做到"出淤泥而不染"的人，实在太少。

森林里住着各种各样的动物，它们彼此相处得十分和睦友好。有一次老虎妈妈生下了两只小老虎，一只取名欢欢，另一只名字叫喜喜。两只小老虎总是互相不服气，因为它们都觉得自己比对方高

自制力
如何掌控自己的情绪和命运

大威猛，老虎妈妈时常能听到两只小老虎在吵架，它也十分头疼。有一次它们再一次吵起来了，欢欢对喜喜说："我就是比你高大，不信你问别人！"喜喜也不甘示弱地说道："虽然你是哥哥，可明明你才是最瘦小的那个！"小老虎们你一句我一句，吵得不可开交，老虎妈妈想出了一个办法，带它们两个去照镜子。欢欢和喜喜看到镜子里的自己有了不一样的表现，一个眉飞色舞、手舞足蹈的，而另一个则垂头丧气、一言不发。"孩子们，"老虎妈妈语重心长地说道，"你们现在看到的，都不是真实的自己。"原来老虎妈妈带它们看的镜子分别是凸透镜和凹透镜，并非平面镜。

故事到这里就结束了，很简单的一个小故事，其中却蕴含着大道理。想一想我们自己，是否曾经或者是现在也被眼前的"镜子"蒙蔽了双眼？长大后就知道，原来照镜子的人就是自己，而那些或过于壮硕、或过于矮小的，都不是真实的自己，之所以会出现这一切就是因为摆在我们面前的镜子不同。这个简单的道理，我们很早就明白，可是在我们越长越大的时候，在我们面对无数个不存在的镜子时，我们却再一次迷失了自己。长大后的我们，面对的镜子不再是真实存在的，而是由各种各样的东西组合起来的。有的时候，这面镜子是凹透镜，在我们取得成就的时候，镜子里的我们是骄傲的，有人看着这样的自己，不免得意忘形，他们就这样一次又一次沉浸在成功的喜悦之中，忘乎所以；而有的人，在失败几次之后，看着镜子里的自己：满面愁容、眼神无光，因此变得越来越消沉，觉得自己什么都做不好，长时间将自己沉浸在痛苦、自责之中。以上这两种人，显然都没有做到正确认识自己。当一个人被眼前的东西蒙蔽了双眼的时候，很多潜在的危险他们就都看不到了，他们很有可能会走向两个极端，最终害了自己。

Part 1
人性 AB 面：分清镜子里的人到底是谁

初次来到旧北平的祥子，是个老实巴交、充满干劲的年轻人，他做事认真，拼命工作只为赚钱养活自己。他用了整整三年的时间，终于攒够了钱，他拿着这笔钱买了辆车，开始了自己的新生活，还在心里计划着，按照他现在的情况，用不了多久应该就可以买一辆新车，他还想着以后买越来越多的车，然后开一个车厂。可惜他所生活的不是一个安稳的时代，那时候仍然有打仗，太平的日子没有过多久就结束了。祥子的车被宪兵扣了，后来他逃了出来，这是他理想第一次破灭。他又开始攒钱想买新车，然而还没等攒够，他的钱却被抢了。再后来祥子的老婆虎妞，用自己的私房钱给祥子买了一辆二手车，日子勉强过得去，但后来虎妞怀孕，祥子不得已卖掉了车子，虎妞难产，一尸两命。在经历了这么多的事情之后，祥子最终变成了一个麻木不仁、吃喝嫖赌、抱着过一天算一天的想法混日子的人了。

这是老舍笔下的人物，祥子生活在那样一个年代里，很多事情都身不由己。他原本是个勤劳的人，最后却被生活打击，渐渐地迷失了自己，变成了一具行尸走肉。我们生活在这样一个安定、和平的时代里，不用担心自己会不会见不到第二天的太阳，也不用拿命拼，只为了混口饭吃。我们比前人幸福太多，可我们依旧像他们一样迷失了自己，找不到方向。前人之所以迷失自己，是因为他们看不到生活的希望，而我们并不是这样。让我们迷失的，是成功时刻的鲜花、掌声，也是失败时候的打击、指责，我们要做的，是胜不骄败不馁，不是因一次的成功骄傲自满，更不是因为一个失误就全盘否定自己。

其实在每个人心里都有一杆秤，这杆秤让人有一个标准，让自己做到心中有数。在面对困难的时候，这杆秤会让他们知道，自己有多大的能力去做这件事，或者说可不可以完成这项任务，在可以完成的时候，应当接受；而在无法完成的时候，切勿"打肿脸充胖

自制力
如何掌控自己的情绪和命运

子"，否则不但会把事情搞砸，还会在别人心里留下不好的印象。所以，其实自己是胖是瘦，每个人心里都清楚。在买衣服的时候，我们照镜子基本上都会发现镜子里的自己，好像很瘦的样子，但实际情况是什么样子，我们心里明白，至于那个镜子，不过是商家为了销量而特制的镜子，这种镜子在视觉上有一定的拉伸作用，因此镜子里的自己比真实的自己看起来会瘦一些。

安徒生童话中丑小鸭的故事被人们多次提到，故事的最后，丑小鸭终于蜕变成为一只优雅、美丽的白天鹅，可事实上，它原本就是一只天鹅，只不过从小它生活的地方不在天鹅群里，在它睁眼看到这个世界的时候，它的身边就是小鸭子，所以它就以为自己也是小鸭子，它迷失了自己，直到看到白天鹅，羡慕起它们，于是奋力飞翔，才发现自己竟然和它们是同类。试想如果丑小鸭一直跟别的鸭子混在一起，那它永远也不会知道自己其实是一只天鹅。一个人只有正确认识自己，才能拨开眼前的重重迷雾，走出迷宫，如果被眼前短暂的快乐或是痛苦麻痹了双眼的话，则会像童话里的主人公一样，永远地沉睡下去。正确认识自己，才能把自制力的力量发挥出来，清楚地了解自制力、正确地运用自制力，引导自己走向成功。

【智慧屋】

由人观己

我们借助镜子来看自己的衣冠，同样的道理，我们可以借助别人的评价和反应，来更清楚地认识自己。在与人交往的过程中，我们的态度、情感等会通过一些外部表现，如表情、动作等反映出来，他人则根据这一反应得出对我们的认识，因此他人对我们的评价是帮助我们认识自己的一个重要方法。

Part 1
人性 AB 面：分清镜子里的人到底是谁

和"我"相比

现在的我们，和过去的自己有着很大的差别，这种变化，究竟是好是坏，需要我们来做出一个比较。把现在的我和过去的我比较，能很清楚地看到，自己在哪一方面是有所不同的，当我们进步的时候，证明我们为此努力付出过；当我们失败时，可以督促我们找出原因，以避免将来再犯。

自制力
如何掌控自己的情绪和命运

你的性格，调配你的命运

中国有这样一句俗语："三岁看大，七岁看老。"这句话被说了很长时间，肯定存在着一定道理。一个几岁的小孩，他对这个世界的了解都不深，怎么就被别人下了他将来会成为某一种人的结论了呢？这句话侧重于说明孩子小时候身心发展状况，对个体未来的重大影响。在一个人的成长过程中，其童年时期的发展状况，在很大程度上，决定了一个人日后的择业、婚恋等情况，因此才有这样的一个说法。也有人将这一说法理解为"性格决定命运"。

一个人小时候所表现出来的潜质，往往会随着他的成长而逐渐显露出来。他的性格影响着他周围的人对他的评价，而这些评价又在无形之中对其性格产生了巩固作用，个人心理就是在这样的情形下逐渐形成的。个人的心理又促使其做出一种行为，进而指引前进的方向，因此有"性格决定命运"这一句话。但个体命运如何绝不是简单由性格决定的，只不过在多种因素中，性格占据了比较重要的部分，对人影响较大。

有三个人想知道自己的未来是什么样子，于是他们一起去找了一位通晓古今的老者。在他们三个说出自己的想法后，老者给他们出了这样一个问题："在遥远的西方，有一个价值连城的宝物，假如

Part 1
人性 AB 面：分清镜子里的人到底是谁

我现在让你们去找它，你们会去吗？"第一个人说："再值钱的宝物，也不过是一个东西罢了，我不会浪费时间去寻找。"第二个人说："没问题！不管有多困难，我都会找到它的。"第三个人则说："西方那么远，一路上还不知道会发生什么事，总不能为了个宝物就把自己的命给赔上了。"老者捋了捋胡须说道："你们三个的未来已经出来了。"他对第一个人说："你生性淡薄、不慕名利，所以你不会有很多财富，但是你的性格却会给你带来一些贵人，在你需要帮助的时候助你一臂之力。"然后对第二个人说："你是一个无惧危险、意志坚定的人，只要认准了事就会去做，所以你的前途形势很好，将来可成大器。"最后对第三个人说道："你做事容易优柔寡断，未来是一个平凡人的可能性较大。"

一个人命运如何，或许可以从这一角度推测，但也不是绝对的。虽说"江山易改，本性难移"，但性格也不是完全不能改的。有的人小时候性格开朗，家里遭遇变故慢慢变得闷闷不乐，甚至是自闭；有的人幼时喜欢独自玩耍，长大后身边却有了许多知心朋友，他自己也变得爱交际了。这种情况十分常见，所以说一个人的命运如何，谁也无法准确预测。通常来说，一个自制力良好的人，其性格发生改变的可能性比较小，换言之，那些在小时候就被看好未来形势的人，往往是有自制力的人。

一群孩子被实验人员带到了一个房间里，房间里有一张桌子、一只时钟和一些玩具。实验者从口袋中掏出一些糖果，每个孩子都分到了两颗糖果。实验人员告诉小孩子们：一会儿房间里会只剩下他们，只要他们能保证自己十几分钟内不吃掉手中的糖果，那么在

自制力
如何掌控自己的情绪和命运

他回来之后，将会给这些孩子额外的糖果作为奖励。对于孩子们来说，手中的糖果是一个很大的诱惑，对于这个近在眼前的诱惑，有的孩子在实验者刚出去后就迫不及待地吃掉了糖果，有的坚持了一会儿，但时不时会把目光放在墙上的时钟上，在最后漫长的几分钟内，他们也终于等不及了。而有一部分孩子，则以玩玩具来分散注意力，还有几个孩子在一起做游戏。最后在规定的时间里没有吃掉糖果的孩子，如愿以偿地得到了更多的糖果。实验并未因此结束，许多年后，实验人员再次对这一群已经长大的孩子们进行追踪研究发现：那些得到额外奖励的孩子，在面对诱惑的时候，往往能靠自己的毅力克服；而那些一开始就吃掉糖果的孩子，则对诱惑毫无抵抗力。

几颗小小的糖果，便把孩子们的性格分为两大类别。对于等不到奖励的孩子来说，每一分、每一秒都是煎熬，那些不知道什么时候能得到的糖果，显然不如眼前的诱人，所以最好的办法就是吃掉它，先满足了自己的欲望再说。同样是面对诱惑，有的孩子虽然也想吃，但是为了能得到更多的糖果，这些孩子会用一些方法转移自己的注意力，先找别的事情做，如此一来，时间很快就过去了，他们也如愿以偿地得到了奖励。研究表明，那些先吃掉糖果的孩子，往往性格有些冲动，他们的目光只看得到眼前的好处，没有耐心等待遥远的奖励；而后来吃掉糖果的孩子，则与其相反。虽说孩子们的当前并不能代表他们的未来，但至少在这里我们能看出：抵抗不了诱惑的孩子，自制力较差；得到奖励的孩子则有较高的自制力。当然，孩子们都是有可塑性的，所以如果发现孩子在小时候自制力不佳，家长可以有意识地培养其自制力，久而久之，这些孩子也会拥有良好的自制力，这对他们的未来，不管是学习、工作乃至生活，都会有很大帮助。

一个人在某方面有没有天分，除了先天的条件之外，还有后天的勤奋和努力。仲永小的时候，拥有普通孩子没有的聪明才智，五岁便会作诗，可谓是小小年纪便才华横溢，可惜他的父亲在发现他这一才能后，每天带着他炫耀，没有给他提供上学的机会，到了仲永二十岁，他的才华已经彻底丧失了，变成了普通人。原本仲永的未来是一片光明的，可由于后天的原因，硬生生把一个神童变成了路人，令人扼腕叹息。由此可见，再有天赋的孩子，如果后天不去努力，那么他还是会变成平凡人。相反，如果一个人并未有过人的天赋，但是愿意不断地学习知识、充实自己，那么他一样可以成功。

【智慧屋】

命运与性格相关

一个人的性格，在某些程度上决定了其未来。因为性格会影响一个人的行为方式，决定了他对自己的未来有怎样的计划，进而影响着一个人的前途命运。但并不是说一个人性格如何，就一定会有怎样的命运。因为个体的命运不仅受到性格的影响，而且还被社会文化、家庭环境等制约，所以不存在绝对的性格决定命运。

性格可以改变

个体生活在社会中，受到社会和他人的影响，不断地改变着自己，性格就是在一个长期过程中形成的一种比较稳定的特

自制力
如何掌控自己的情绪和命运

质。倘若性格过于内向，想要改变，就可以试着先从简单的打招呼做起，见面一句问候、一个微笑，时间一长自己就能很明显地发现带来的改变。只要你愿意，性格都是可以改变的，那么命运自然也会随之改变。

Part 1
人性AB面：分清镜子里的人到底是谁

并非所有的习惯，都是坏的

有一句话叫"习惯成自然"，当我们多次重复某一行为一段时间之后，就会发现这个行为已经和自己融为一体，可能之前还需要别人提醒，现在我们自然而然就做了。一个好的习惯，可以带人走向成功；而一个不好的习惯，却能让人走向灭亡，因此，习惯好与不好，其实都取决于个体自身。一个自制力强的人，必然拥有一些好习惯。习惯对人的影响，是一生的。

一位富人由于没有孩子，所以在他死前曾立下遗嘱，在他死后把这些钱都给自己的一位远房亲戚，后来这位富人去世，亲戚得到了一大笔钱，但这位亲戚由于家中穷困，从小便以乞讨为生，所以在他接受了这笔钱后，面对周围人"有了这些钱，你最想做什么？"这个问题的时候，亲戚回答道："为了方便我以后乞讨，我准备买一个更好的碗和质量好的棍子。"

这个故事是不是让人啼笑皆非？在乞丐眼里，碗和棍子就是对自己最有用的东西，他已经习惯了乞讨，在他自己都没有意识到的时候，这个习惯已经影响了他的大半生，甚至在天上掉馅饼的时候，他也改不了自己的习惯了。习惯，不管是好的还是坏的，都会在经年累月之中一点一滴地改变着我们，影响着我们的生活，决定着我

自制力
如何掌控自己的情绪和命运

们的成败。

　　清朝末年的曾国藩，这里我们且不论他的功与过，只谈他的修身方法，他身上的一些优点足以成为我们当代人可供借鉴的好榜样，值得我们学习。就拿曾国潘每天都坚持读书来说，我们现在有几个人能做到？我们总是有"太累了""太忙了""没时间"等诸多理由来推辞，甚至在明明无事可做的时候，宁可睡觉或者频繁地刷手机，也不愿意读一本书。曾国藩始终坚持"无一日不读书"，后来在他成为国家大臣，要处理诸多事务之时，也没有停止过学习。他还坚持写日记，在日记里他给自己定下了十二条规矩，并且每一条他都坚持做了。这里面的规矩从吃饭、睡觉到修身、养性再到为人处世，涉及诸多方面。这十二条规矩中有一条是静坐，曾国藩是性格有些暴躁、易冲动的人，我们知道，冲动容易误事。有了这一条规矩，曾国藩始终恪守，每一天一定要抽出一段时间静坐，让自己躁动不安的内心得到了平息，使自己的思想坚定不动摇。还有一条是谨言，这一条规矩时刻提醒着自己，说话做事，都需要谨慎。诸如此类的规矩，他并非写写而已，每一条他都要求自己做到，一方面督促了自己，另一方面逐渐养成了一些好的习惯，成为自身的一种品质，而这种坚持不懈的精神又反过来影响着他。所以说，当一个人拥有了一些好习惯的时候，只要他能持之以恒，这些好习惯将带给他重大的意义，即便他只是一个方方面面都很普通的人，也会成为一个非常优秀的人。

　　有一些习惯是好的，必然有一些是不好的。有的时候，坏习惯并不像好习惯那样容易被发现，尤其是我们身上的某种习惯不被他人所知的时候，就更难发现了。在我们发现坏习惯的时候，应当及时地扼杀，而不是放任不管，这样下去只会越来越助长坏习惯的歪风，最后形成无法挽救的局面，到那时再后悔已经是木已成舟、为

Part 1
人性 AB 面：分清镜子里的人到底是谁

时已晚了。

　　心理学家塞利格曼曾经用狗做过一个实验。起初他将狗关在一个笼子里，每隔一段时间，就会有铃声响起，而伴随着铃声的是来自外界的电击，由于笼子是关着的，所以狗逃出笼子都是以失败告终。在多次这样试验之后，在给予电击前，实验人员把笼子打开，狗非但不会尝试逃离，而且在铃声响起，没有电击的时候，它也像被电击一样出现了全身抽搐的状态。原本有机会逃走，但它却放弃了，并且绝望地等待即将出现的痛苦，这就是心理学上著名的实验："习得性无助"。

　　其实不只是动物，在人身上也存在着这种习得性无助。当一个人连续多次在工作上失败的时候，他很可能会放弃这个工作，对自己产生怀疑、否定的情绪，甚至联想起以前自己的种种失败，归咎于自己"脑子笨""什么都做不好"，更有甚者会因此想不开，走上绝路。这些都是因为我们没能正确意识到自己错在哪里，所以想要避免这种类似于绝望的情绪，我们应当找出事件的起因，而不是陷入不断否定的怪圈里。如果出现了一次失败的时候，个体把这种失败归咎于自身的一些不可改变的因素，之后接二连三的失败，他还会这样认为，久而久之就会放弃自己，甚至对外界的一切都会感到无所适从。他会把外界不同类型的失败归到自己身上，然后变成无解的死循环。这种人将丧失对生活的热情，以后只要遇到困难，就直接退缩，甚至都不尝试一次，对别人说的话也会非常在意，他们变得越来越敏感。为了避免坏习惯对我们的影响，我们在面对问题的时候，应该摆正自己的心态，不可有"都是我的错""我不行"等想法。正确对待存在的问题，只有知道错在哪里，才能找出正确

自制力
如何掌控自己的情绪和命运

的解决办法。这就像开锁一样，一把锁对应一个钥匙，拿错误的钥匙去开锁是无论如何都打不开的。

【智慧屋】

习惯是把双刃剑

当一个人拥有一个习惯的时候，这个习惯可能造就他，也可能毁了他，关键在于，我们如何使用。如在我们开车的时候，由于已经熟悉、习惯了每个动作，所以不需要我们像刚开始学车的时候那样小心翼翼了；而另一方面，过于熟悉也就使我们不会把注意力全部放在开车上，易造成事故。

不要过于依赖

正如前面所说，如果太过依赖习惯，那么在一次次失败后，就会让人陷入一种消极的自我催眠，进而失掉勇气和自信心。习惯的出现，是为了帮助我们，但除了自己，没有任何人、任何东西的帮助会是长久的，当习惯变成某种依赖，后果将不堪设想。

好习惯有很多，我们每个人身上都会有一些，想要赢得成功，必不可少的一个好习惯绝对是自制力。现在摆在我们面前的诱惑越来越多，如果缺少自制力，就会被这些诱惑占据了注意力，进而使得我们离胜利愈走愈远。试想一个没有自制力的人，做事三心二意，一生气就被情绪控制，丧失了自我，又如何能赢得成功。

Part 1
人性 AB 面：分清镜子里的人到底是谁

嘿，你今天检查自己了吗？

古人为了能正确认识自己，提出了诸如"见贤思齐""吾日三省吾身"等方法不断完善自我。这些方法不但可以让我们学会反省自己，改正自己的错误，而且还让我们更加深刻地了解自己、认识自己。"反省"这一方法，放在今时今日，依旧是不过时的。一个有自制力的人必然经常反省自己，因为他可以从反省中让自己避免犯错。

托尔斯泰出生于一个富裕的家庭，所以他从来不用担心自己的生活问题。他和有钱人家的孩子一样：终日无所事事、游手好闲，周围的人都说他将来成不了什么大事。托尔斯泰听说了这件事后，开始反省自己，觉得自己这样是不对的，每天这样下去自己真的会没有未来。想明白了这一点之后，他觉得非常惭愧，为了纠正自己的错误，他把自己容易犯的错写下来，时刻警示着自己，最终成为一代大作家。

名人也不是生下来就是名人，他们小的时候也一样贪玩，但是他们之所以成为名人，就是因为他们有自制力。在这个前提下，他们反省自己、认识错误、改正错误，才使得自己不断完善、进步，最终走向成功。而有的人虽然在某方面有杰出的能力，但他们缺乏

自制力
如何掌控自己的情绪和命运

自制,放任自己随波逐流,结果成为一个普通人。

商朝的最后一位国君商纣王,沉迷于美色,每日和自己的爱妃嬉戏玩乐,过着荒淫无度的生活,但却不自知。当朝的大臣纷纷劝谏,无奈纣王不听,反而斩杀了一位又一位忠心耿耿的大臣。在商朝和西周的多次战争中失败,从来不会反省自己,依旧沉醉于酒池肉林的生活中,最后被西周所灭,商王朝就此结束。

身为君王,身上背负的不仅是先辈们的殷切期望,还肩负着百姓们的平安喜乐,但是商纣王自身诸多错误,面对臣子的谏言,非但没能反省自己,做个好君王,反而对站在自己对立面的人不管一切地消灭,最终伤了天下臣民的心,商朝覆灭已经在所难免了。倘若他能认真反省,及时改正自己的错误,又怎么会被一个小小的诸侯国所打败,还落得一个臭名昭著的称号。不会自省的人,其结局是不会圆满的。与商纣王相反,越王勾践,在被囚禁期间忍辱偷生、卧薪尝胆,认真反省自己的错误,最终打败了吴国,洗刷了耻辱。两相对比,会反省自己的人,其前途是不可限量的。学会反省,不仅在提醒自己少犯错误方面有着重要的作用,而且在与人相处的时候,也会带来意想不到的效果。

有一对夫妻,婚后生活十分恩爱。邻居甚至从未听过两个人有高声说话的行为。结婚后几年一直如此,邻居们觉得他们一定有什么诀窍,于是纷纷前来请教。那位妻子笑着说道:"其实也没什么,就是我们两个都是坏人。"这是什么道理?邻居们纷纷露出疑惑的表情,妻子解释道:"我来打个比方吧。我给丈夫倒了杯水放在桌子上,但是丈夫没看到,撞到了水,这时候你们会怎么说?"邻居们的

Part 1
人性 AB 面：分清镜子里的人到底是谁

回答不外乎是"你长没长眼啊？没看到水在桌子上放着吗？"或者"走路注意点啊，水都洒了"之类的。妻子又说："我是这么说的：'对不起，是我没放好水，害你喝不了水，我再给你倒一杯吧。'然后我就拿布擦了桌子。"话音刚落，邻居们纷纷恍然大悟。"我丈夫也不好意思，说是自己不好，没看到水害得我还要再倒一杯。"妻子接着说道。至此，邻居们终于明白了这个"坏人"的意思。

夫妻相处是一门学问，现在越来越多的情侣在短暂的相处后就匆匆领证了。但结婚后却发现生活并不如想象中那样美好，家中大大小小的事务都要操心，有时候难免烦心，甚至看到妻子或是丈夫让自己有一点不满意的时候，两个人就能因此吵起来。有的时候，很小的一件事，都可以发展为一场争吵，最后两人闹得不欢而散，甚至负气离婚的都有。如果我们能像故事中的那位妻子一样，有什么问题，自己先做坏人，向对方认错，对方自己也会不好意思，如此一来，双方的心就会更紧地贴在一起，这一点小小的不愉快也能烟消云散，何乐而不为呢？人们常说"万年修得共枕眠"，两个人在一起原本就不是一件容易的事，何必要因为一点点不必要的小事而伤了两人的感情。

不管是同事之间、夫妻之间还是和父母、孩子的相处中，如果我们在别人出错的时候，不是一味地指责，而是反省自己，那么对方也会意识到自己的错误，会发自内心地纠正，每个人都得到了反省，个体也会变得越来越优秀。要知道，原本是一件小事，如果你对对方指责，那么就很有可能演变成为两个人的互相指责、甚至是攻击，这样一来，人与人之间的关系就会产生嫌隙、变得不愉快。所以凡事先从自己身上找错误，让自己先当坏人，不但可以避免口角，而且还会让我们的生活变得更加美好。

自制力
如何掌控自己的情绪和命运

杨振宁起初对物理学不感冒，只是醉心于做实验。虽然他一再失败，但他始终认为自己能做出一个成功的实验，对此甚至一些美国人都调侃道："只要有爆炸的地方，就一定有杨振宁。"后来在一次又一次的失败后，杨振宁终于意识到：自己在做实验这一方面，的确没有什么天分。于是他开始反省自己，最后放弃了实验，转身投进了物理学领域。杨振宁在这一领域找到了自己的位置，并赢得诺贝尔物理学奖。

杨振宁对实验有一种决心：一定要做成功，可在他无数次的失败后，他也终于明白：实验不适合自己。倘若他没有反省自己，放弃实验，也许他终有一天也会成功，可他今生都会和诺贝尔奖无缘了。有时候，人们不知道什么是适合自己的，所以才一再地尝试新事物，不断地改变，当我们发现自己做某一种任务始终失败的时候，或许应该反省一下自己：这种任务是否适合自己，如果答案是否定的，那么我们就应该"当断则断"，切不可与之较劲，到最后害了自己。有句话叫，上帝给你关上一扇门，一定会为你打开一扇窗，如果这扇门打不开，就放弃吧，去寻找能打开的那扇窗。

【智慧屋】

反省是为了让自己变得更好

一个人经常反省自己，就会发现自己身上存在的一些问题，可能有的并不是什么大问题，但是当他发现的时候，就能及时地把这个问题"小事化无"，这岂不是一件好事？越是优秀的人，对自己的要求越高，就算将来不会前程似锦，也不至于到落魄的境地。

Part 1
人性 AB 面：分清镜子里的人到底是谁

反省提高人的自制力

当我们开始反省自己，就开始了自己都未曾发现的改变。不要小看一些细微的改变，一个一周反省自己几次的人和一个几年才反省过自己一次的人相比，他们的差别一定是很大的。当你开始对自己做的错事有一点克制的心，哪怕只是一点点，坚持一段时间，你就会发现自己的自制力已经有了很明显的提高。

善于反省自己的人，通常能在事件中找出错误的原因，并且警醒自己，避免日后再犯同样的错误。而一个有自制力的人，必然善于反省自己，因为他们坚毅、果敢，面对诱惑不为所动，坚守自己。时时反省自己的人，会让自己变得越来越优秀，同时他们的自制力也因此而变得更加坚强。会反省的人，他们会举一反三、推己及人，不但让自己收获良多，甚至会给身边的人树立一个好榜样，一举两得，何乐而不为？

自制力
如何掌控自己的情绪和命运

你也有"鸵鸟心态"吗？

生长在沙漠地域的鸵鸟，当它们感觉到危险的时候，就会把自己的脑袋缩起来，或是埋在草丛里面，这样就"眼不见为净"了，当然有人对此提出了不同的说法，认为它们这样做，是为了掩护自己、便于与危险情形抗争，众说纷纭、莫衷一是。不过后来被一些学者归为自欺欺人、逃避现实的一种心理，是一种消极应对问题的办法，又称为"鸵鸟心态"。

美国著名的埃克森公司，在大公司排名中名列前茅，名气非常大。某次，埃克森公司的一艘油轮在威廉王子湾不幸触礁，海面上出现了大面积的油污，不仅污染了当地的环境，而且还给这一水域及其周边水域带来了严重的后果：鱼类死亡，生态遭到破坏。但是埃克森公司在这一事故出现后，非但没有向当地政府承认自己的错误行为，而且对生态被破坏也没有及时采取抢救措施，致使政府、环保组织以及媒体人员等对这一行为进行了严重的谴责，这被称为"反埃克森运动"。事情的严重程度，已经远远超过了埃克森公司的预期，以至于最后连布什总统都知道了这件事。最后在多方的压力下，埃克森公司共计赔偿清理油污费、罚款等高达几亿美元。除了给公司造成了钱财损失，埃克森公司在公众心中的形象也大打折扣，间接地影响了之后的生意。

Part 1
人性AB面：分清镜子里的人到底是谁

倘若埃克森公司在事故发生的第一时间，能及时派出相关人员清理油污，并对此次事件向当地政府及时致歉，引以为戒，那么他们绝不会付出这么惨痛的代价，而正是因为他们的无作为，以为不听不看，外界的消息就会被自动屏蔽，这件事也可以不了了之，他们的如意算盘打得很好，这件事最后处理的结果却是让公司"赔了夫人又折兵"。同样是面对意外状况，百事可乐公司的做法则与其形成了鲜明的对比。

说起碳酸饮料，那绝对是少不了可乐这一品种了，其中尤为出名的当属百事可乐和可口可乐。这两大品牌不论是在口感、销量还是受欢迎程度上，几乎都是难分伯仲的，但是有一次出现的状况，却差点将百事可乐从市场中淘汰。一位太太给自己的孩子买了两听百事，孩子喝掉了一听后，顺手把可乐倒放在桌面上，瓶子里却掉出了一个针头！这位太太当即就把这件事告诉了媒体，经过媒体的宣扬，许多消费者开始纷纷谴责百事公司，外界的压力和舆论可以说给公司带来了很大的负面影响，倘若处理不好，百事很可能会从市场上消失。在得知这一消息后，百事公司立即从两个方面着手解决此事。他们一方面给予这位太太真诚的道歉，给了她一笔赔偿金，并且利用媒体告知消费者：若有人发现类似的问题，百事公司一定会予以赔偿。与此同时，他们还加强了生产线上对产品质量的监督管理，并请这位太太做见证。百事公司的这一举措，不但获得了这位太太的谅解，而且还让消费者见证了公司知错就改、不推卸责任的风范。这不仅重新挽回了消费者对百事的信任，也给其他公司做出了良好的榜样。百事公司并没有因此被市场淘汰，反而因为及时地改正错误，使得其销量比原来更好，这也算是"因祸得福"吧。

自制力
如何掌控自己的情绪和命运

上面两个事例，都属于突发状况，但是面对相同的状况，选择不同，结果自然也不相同。面对危急状况，居于上位者的决策，往往能在很大程度上决定公司的未来。一个优秀的公司，其领导者不是懦弱无能的，他们面对危险，临危不乱，用自己的头脑冷静分析、迅速做出判断，并给出相应的挽救措施，这些人不仅具备灵活的头脑、专业的知识，更重要的是他们清楚地知道：出现问题的时候，最好的办法就是主动解决。主动解决就是掌握了主动权，接下来的方案或者解决办法往往可以顺利开展，还会因此得到广大群众的谅解和支持。相反，出了问题，不肯正视自身，甚至是推卸责任的公司，通常会付出更沉重的代价，不但会损失更多人力、财力，还会把在公众心中建立起来的、来之不易的信任抹杀掉。信任之墙一旦崩塌，想要再次建起，几乎是不可能的，而公司也将难以立足。因此在面对突发状况或是危机的时候，首先要做的就是及时承认错误、提出解决方案，而不是犹豫不决、视而不见。

由于现在生活压力比较大，很多年轻人，尤其是大城市的年轻人，其实摆在他们面前的有很多问题，但他们却不愿意去面对，总是做那个"掩耳盗铃"的人，好像不去听、不去看，这些问题就可以不存在了一样。我们都知道，逃避并不能解决问题，可是很多人，在遇到危险情况的时候，总是下意识地就想逃避，人类有趋利避害的本能，所以这一点很容易就可以理解。我们害怕面对，因为我们怕事情的结果不是自己想要的，所以一再回避，可有一句话说得好："躲得了初一，躲不过十五。"而且一直逃避，只会让自己的恐惧、担忧与日俱增，倒不如面对现实，有时候，事情也许并没有我们想象中那么糟糕。

其实不管是哪一年龄段中，都存在着有"鸵鸟心态"的人。上学的时候，每次老师只要一说"提问一位同学回答问题"之类的话

Part 1
人性 AB 面：分清镜子里的人到底是谁

之后，全班就会陷入一片寂静，有的学生因为不会所以害怕被提问，而有的则属于知道答案，但是不敢回答，还有的是知道怎么答但是老师不提问自己就不回答的，以上这三种人，其实都存在着鸵鸟心态。其实这些都是可以克服的，主动回答老师问题的学生，且不论对错，都已经证明这是个敢于回答、勇于回答的人。除此之外，回答问题的学生，还锻炼了自己的表达能力、活跃了思维，这种学生往往会受到老师格外的关注。对他们的回答，老师会予以鼓励或是表扬。如此一来，学生则会更喜欢回答问题，这就相当于一个良好的循环了。这样也可以解释，为什么老师更容易将目光放在好学生身上，而这些好学生则变得越来越优秀了。初次步入社会的新人也是如此，因为自身没有什么实战经验，对上级交代的任务完成起来，往往会觉得比较吃力。为什么同样是作为刚入职的人，有人在短时间内就受到领导的赏识，而有的明明兢兢业业许多年，却一直在原地踏步？这里面的差别，很大程度上是取决于自身，有的人可以胜任某一任务，但是由于怀疑自己的能力，每每遇到这种事情，都推辞了，或是担心这个担心那个。时间一长，还有谁愿意给你机会让你发挥自己的才干？所以对于职场中的人来说，该表现自己的时候要好好表现，争取圆满完成任务，而不是每次在有任务的时候，先急着否定自己，或者装聋作哑。

【智慧屋】

鸵鸟是可以摆脱危险的

被人们误会了很长时间的鸵鸟，其实不但拥有两条长腿，并且奔跑速度很快，在面对危险的时候，它们完全有能力逃跑。反观我们身边，有无数这样优秀的"鸵鸟"，可当有任务降临在

自制力
如何掌控自己的情绪和命运

身上的时候，总是避而不见，捂住耳朵，结果错失了很多机会，实在让人惋惜。所以不要把头藏起来，勇敢地做自己，当你抬起头的时候，就会发现一切都可以迎刃而解。

别把小问题变成大麻烦

原本花些心思就能做到的事，在自己前怕狼、后怕虎的一再耽搁下，演变成一个大问题，就像原本一个用铲子用力拍打几下就会碎的小雪球，因为种种原因，越滚越大，最后变成了一个大雪球，那个时候就不是一个人、一把铲子就能解决的事了。放任不管的结果就是让问题变本加厉。我们要做的，当然是及时制止。

其实我们之所以害怕，还是因为自身的条件不够优秀，但是不要害怕面对问题。假如问题出在自己的能力上，那么就努力提高自己的能力；问题出在人际关系上，就多去交朋友，扩展自己的交际面等等。总之，出现了问题我们应当努力地解决它。始终记住：办法总比困难多。只要肯努力、肯用心，就一定可以做好。

Part 1
人性 AB 面：分清镜子里的人到底是谁

别做摆钟，摇摆不定

人对于自己的认识，是一个长期的、反复的过程，这个过程并不是一蹴而就的。想要准确地认识自己，我们除了通过自己的行为表现，还要借助他人对自己的评价。但不管是哪种方式，这都是一种手段，我们不能偏向某一方面，否则就很有可能出现某种极端现象。为了避免发生这种情况，最好的办法是我们的内心有着一杆秤，这杆秤就是一个标准，有了它不管是面对好的评价还是坏的评价，我们都可以和它做比较，以此来约束自己的行为。一个心中有着坚定意志的人，他既不会因为外界的诱惑就改变自己，变成趋炎附势的人，也不会因为遇到挫折而放弃自我，他有着一个丰富的内心世界，始终为之保护着、为之坚守着。

西汉时期，有一位使者奉命出使匈奴，原本办完要做的事就能回国的使者，却因为手下人参与了造反一事而受到牵连，被匈奴的大王单于关了起来。单于手下的卫律知道使臣是一个非常有才华的人，于是劝说大王不要杀使臣，他去试试劝降。卫律原本是西汉的子民，但是却背叛了自己的国家，投身在匈奴，卫律劝降使臣，说他只要投降就有享之不尽用之不竭的荣华富贵，何必一心为西汉，如果不接受这个建议那就是死路一条，大汉朝的人民又有多少会记得他。使者听了这些话非常生气，痛骂卫律是卖国贼，还说他现在

自制力
如何掌控自己的情绪和命运

的一切权利、荣耀都是一时的，总有一天他会受到良心的谴责。不管卫律怎么劝说，使者都不为所动，无奈卫律向单于汇报了这件事。单于觉得使者十分有气节，心中更加坚定了要让他归顺的想法，先把他囚禁在牢里，不给吃喝，后来又把他流放在一个荒无人烟的地方，虽然条件异常艰苦，使者受尽折磨，但他从未忘记过自己的国家，常年与他做伴的只有他手中代表着汉朝的旄节。一直过了将近二十年他才回到自己的祖国，那时候他手中的旄节只剩下了一根光秃秃的棍子。这就是著名的苏武牧羊的故事，时间在变，可苏武始终没有改变他那颗赤子之心。

苏武是不幸的，原本是代表国家出使，可却因为意外被困在了匈奴，为了能活下去，他饮过雪，吃过毡毛，被人威胁也不害怕，卫律劝说他只要肯降服就立刻封官，金银珠宝也随之而来，如果不肯降服情况只会更糟糕，可不管卫律怎么说，苏武都是软硬不吃，油盐不进的样子，因为他知道自己的使命，他热爱自己的国家，所以即便有再大的诱惑、更悲惨的遭遇，他也不怕。面对荣华富贵也许有的人可以做到不忘记自己的坚持，可真正面对困难的时候，这带给人的煎熬远远超过前者，要不然也不会有"屈打成招"这个词了，可是苏武在北海放羊的时候，哪怕只有他一个人，哪怕没有吃的，他也可以坚强地活下去，因为他坚信：自己一定会回到家乡。苏武出使的时候是四十岁，但当他回来的时候已经五十九岁了，他的头发和胡须全都变白了，脸上写满了沧桑，容颜易老，可他的心却未曾动摇过。换作别人，可能很早就接受了荣华富贵，或者因为受不了糟糕的环境而自杀了。正是因为苏武始终坚守自己的内心，所以才能战胜那么多的困难。他的气节、他坚守内心的精神也被人们代代相传，给我们以深刻的教育。

Part 1
人性AB面：分清镜子里的人到底是谁

人不能没有坚持，因为这是我们的本心，是我们前行的动力，有了它，我们在面对困难的时候、遇到诱惑的时候、坚持不下去的时候能使我们走下去。有人成功，就是因为他们不被外界所干扰，为了他们心中那一个世界，他们什么都愿意去做。在别人不看好自己做的事情时，能坚定不移地做下去，这样的人不是没有，只是太少了，这也恰好说明为什么成功的总是少数人。站在十字路口的你，只能选择一条路，或许你选择的是一条充满荆棘的路，或许你选择的是一条鲜花盛开的路，但不管是哪条路，都应该自己做选择。别人的建议也只是他们的看法，真正要走下去的人还是我们自己，别人无法代替，所以如果我们心中有自己的原则，就应该一直坚守它、保护它，别让它随着我们年龄的增加而消失。

【智慧屋】

坚守自己的内心

我们必须承认，这世上的诱惑太多了，想坚守自己的内心绝不是一件容易的事，但我们还是要去坚持。享受生活当然美好，没有人会拒绝，可如果这种享受是建立在违背自己原则的前提下，我们最好不要去做。不要因为别人说了"大家都是这样做的"而被诱惑，因为大家都做的事也可能是错的，你必须要有自己的判断，才能做出对你最好的决定，否则就会成为摆钟，别人说什么你就做什么，失去自我。

PART 2

多维思考：
你又不是牛，为何被情绪牵着鼻子走

喜、怒、哀、惧是人的基本情绪，人生气的时候会发火，开心的时候会大笑，难过时大哭，这是再正常不过的事了。但是在某些时刻，为了不让事情变得糟糕，一些人学会了控制自己的情绪，所以他们才与众不同，这就是自制力带给他们的积极作用。

Part 2
多维思考：你又不是牛，为何被情绪牵着鼻子走

忍不了的时候，再忍一下

中国人讲究"以和为美""和气生财"。生活中我们也时常听到周围的人在劝架时说"算了吧，别计较那么多了""吃亏是福"之类的话。还有诸如"忍一时风平浪静、退一步海阔天空"这样的俗语。有的人觉得为什么明明心中有气，还不能发作，偏要忍气吞声、任人宰割。我们之所以要忍，并不是因为我们好欺负，而是因为很多时候，没有必要非和对方争辩出个对错。

一位毕业后被分配到海上油田钻井队工作的年轻人，上班第一天，领班交给他一个任务：把一个包装精美的盒子送到钻井架最上面的主管那里，还必须是在限定的时间里。钻井架非常狭窄，并且最高处离地面有几十米，年轻人按照要求迅速地跑上去，把盒子给了主管，却见主管在上面签上了自己的名字，让他再送回去。年轻人急急忙忙又回到领班那里，领班签上了自己的名字，然后又让他再次交给主管。如此反复了三次，年轻人心里怒不可遏，在他第三次把盒子交给主管的时候，主管没有在盒子上签上自己的名字，而是要他把盒子里面的东西拿出来。年轻人这个时候已经累得满头大汗了，而且处在暴躁边缘。当他把盒子拆开后，发现里面放着咖啡和咖啡伴侣。年轻人觉得自己被耍了，主管看到了他愤怒的目光，

自制力
如何掌控自己的情绪和命运

说出口的话却是要他把咖啡泡上。年轻人终于忍不住了,他把盒子重重地摔在了地上,看着地上的盒子,他心里的火气才稍稍消了一些。然后主管对他说了一段话:"年轻人,你走吧。我要告诉你的是,我让你泡的咖啡是给你自己喝的,你来来回回跑了这么多次,都是我们对你的考验,叫作'承受极限训练',我们是要在海上工作的,海上存在着无数未知的风险,要接受各种考验,所以我们要求员工必须有极强的忍耐力。原本你已经通过了前面的考验,只差一步就通过了,遗憾的是你没有再坚持一下喝上自己亲手泡的咖啡。我的话说完了,你可以走了。"

原本马上就要成功的事情,却因为不能忍这一时的冲动,让自己丢失了一份工作。别人说了某句话或者做了某件事,让我们很不开心,从而产生了抵触情绪,所以忍不住与之争辩。忍耐是不舒服的,甚至是痛苦的,但正是因为忍受了常人不能忍受的,我们才达到了常人没有的成就。我们常说,不到最后一刻,绝不放弃。其实忍也是一个道理,当我们觉得忍无可忍的时候,再坚持一下,也许就成功了。

某公司调来了一位新的部门主管。有小道消息说,这位主管是一位有才、善于领导的人,起初部门里的人都小心翼翼,害怕自己做错了事被"杀鸡儆猴",但是随着时间的推移,他们发现这位主管每天进办公室后,除了下班几乎就没出过办公室门口,于是一些老员工们议论纷纷,觉得之前的小道消息不靠谱,于是慢慢地暴露了本性。几个月过去了,一些原本以为新主管是扮猪吃老虎的员工,也都慢慢失去了耐心。正当一些努力工作的员工们感到失望的时候,

Part 2
多维思考：你又不是牛，为何被情绪牵着鼻子走

新主管却开始对部门进行了大刀阔斧的调整。那些老油条们被清理出了公司，一些默默无闻、勤奋工作的员工则被提拔。这一猝不及防的措施，让人很难相信这是同一个主管所为，明明之前还像小绵羊一样，转眼就变成了狼。不过员工们很开心，工作起来也更加卖力了。

这个主管就是关于忍的一个很好的例子，他没有在刚上任的时候，就立即对部门进行整改，他花了几个月的时间忍，摸清了自己手下的员工，知道哪些是害虫、哪些是珍木，然后除去害虫，留下珍木。不得不说这位主管有着非凡的领导能力，能慧眼识金，选中对公司发展有利的人才。

生活在这世上，会有无数我们讨厌的人、看不惯的事，当别人对我们有了误会、对我们辱骂，我们要做的就是忍。忍，不是因为我们害怕别人，也不是因为懦弱，我们忍耐，恰好证明了我们的智慧，不要为了逞口舌之快去反击别人，我们的反击并不能让事情得到解决，却很有可能造成更加严重的后果。忍，是一种大智慧，是一种境界。

佛界有两名罗汉叫寒山和拾得，他们在凡间化身为僧人修行。有一次寒山被人侮辱了，非常生气，他便问拾得：要是有人羞辱他该怎么办？拾得说：忍他。原文是：世间有人谤我、欺我、辱我、笑我、轻我、贱我、恶我、骗我、如何处治乎？拾得曰：只要忍他、让他、由他、避他、耐他、敬他、不要理他，再待几年你且看他。

从拾得的回答中我们很清楚地感受到了他那种洒脱、豁达的心胸。这种思想境界值得我们学习。每个人都会遇上不顺心的事、令

自制力
如何掌控自己的情绪和命运

人生气的事，但是我们不能像炮仗一样受不得半点委屈，"一点就炸"，或者是不管不顾和别人拼个鱼死网破，不管是哪种结果，都不是好结果。别人看不起我们，我们自己一定要看得起自己；我们要努力提高自己的思想境界，提升自己的实力。有的人故意说一些话试图激怒我们，不过是因为他们嫉妒我们，因为我们的优秀他们做不到，所以只能在嘴上说说，过过瘾。当我们努力让自己变得优秀了，那些人说的话，在我们身上就起不到什么作用了。古人说："小不忍则乱大谋"——蔺相如的"忍"，换来了廉颇的负荆请罪；司马迁的"忍"，给后世传下了《史记》这本巨著；韩信的"忍"，最后统一了天下。伟大的人之所以伟大，就是因为他们忍受的比平常人多，他们要忍受孤独、忍受侮辱甚至忍受诋毁，但是这一切都没有击垮他们，反而让他们变得更加坚强，像梅花一样，忍受了严寒，最终在冰天雪地中绽放出了最美的身姿。

【智慧屋】

忍是一种度量

学会忍的人，心中都有着大智慧。别人做了让我们生气的事，我们就出口伤人甚至是动武，都是最糟糕的方法，我们忍耐，是为了不让事情变得更复杂。当我们忍受了失败，就有了重新振作起来的勇气；忍受了屈辱，也就为我们日后的成功奠定了基础。所以忍在某种程度上，是一种强大的动力。

做情绪的主人

发脾气每个人都会，但是忍住不生气，却不是人人都能做到的。认真观察就会发现，那些能忍住的人，往往自身都有着

Part 2
多维思考：你又不是牛，为何被情绪牵着鼻子走

很好的自制力，他们会控制自己的情绪；而那些动不动就生气的人，往往自制力较差，容易被情绪冲昏头脑，最后变成情绪的奴隶。聪明的人会在该忍的时候控制自己，冷静的头脑会让你不至于做出出格的事。

别人不是你肚子里的蛔虫

早些年,我们就听到要搞素质教育,旨在促进学生多方面的发展。"十年育树,百年育人。"教育的过程从来都是漫长的,其结果也不是立即能看出来的。学校对学生的教育影响非常大,越是小的孩子越容易被教成某一种样子,他们就像是刚和好的泥巴,很容易被塑造成某种形状。而在之后的成长中,他们则按照这个形状成长,再想改变就十分困难。身体生病了要去看医生,要吃药,但是心理上的病,却经常被人视而不见,等到被发现的时候,往往已经到了末期,造成不可挽回的损失。

举个例子来说,某人睡觉的时候不能听到噪声,否则就睡不着觉,他邻居是个年轻人,经常半夜还传出一些噪声,这个人心中对此愤愤不平,假如这个人和邻居说一说,对方可能会解释一下原因,之后应该就会注意的。但若是这个人没有和邻居说,邻居也不知道此事,这个人却因此记恨邻居,这就有些说不过去了。所以想要解决问题,就应该把问题说出来,让对方清清楚楚地知道,而不是自己生闷气还指望别人了解自己。

有的时候,把事情说清楚,就可以避免很多不必要的悲剧发生了。我们不是别人,自然没有办法揣测别人的想法,很多时候,我们以为了解别人,但了解也是一时的,所以千万不能以为自己能时时刻刻把握别人的想法。反过来也是一样的,我们不能因为自己心

Part 2
多维思考：你又不是牛，为何被情绪牵着鼻子走

情不好，身边却没有关心自己的人而觉得难过，或是愤怒，不去表达，却希望别人看透自己，这种好事自然是不可能的。

网络上有一个很火的女朋友想分手程度表，最开始的时候，男生忘记了两个人的恋爱纪念日，女生心有失落，但男生第二天打电话赔罪，女生依旧很开心，还给男生找了理由；后来是因为一个学妹，男生觉得女生提出来的断了联系是无理取闹，两个人为此大吵一架，过了两天男生道歉，女生心软，两人和好；再然后是周末，男生一直在打游戏，女生催他睡觉，男生说女生剥夺了他唯一的娱乐，女生没有再劝，不过男生打游戏到几点，女生就失眠到几点。最后因为女生想吃男生碗里的卤蛋，男生没有给她，在男生上班的时候，女生发出了分手短信。

两个人刚在一起的时候，恨不得时时刻刻黏在一起，时间久了，慢慢地习以为常，没有了那些甜言蜜语，也没有了小惊喜，生活平淡得像白开水，女生希望男生懂自己的口是心非；男生搞不懂女生为什么莫名其妙地生气，一个不表达自己的情绪，一个情绪不满得太过明显，两个人摩擦越来越多，女生也慢慢失望，最后变成了陌生人。女生可以多表达自己，不要觉得男朋友会做到事事懂你，两个人都向对方表达自己的真实想法，许多问题就都不是问题了。而又有多少人以朋友的名义守护着另外一个人，他们努力压抑自己的情绪，不让对方发现，认为朋友之间的友谊远比爱情来得更长远。这样的人，内心一定十分伟大，只敢默默地付出，却不敢让对方了解自己的心意，他们也有无数个时候可以说出来，但他们内心害怕，万一被拒绝，他们甚至连朋友都没得做了。但是不告诉对方自己的想法，在对方面前假装得很好，情绪从来也不肯表露出来，总是隐

自制力
如何掌控自己的情绪和命运

藏真实的自己，也可能会错过幸福。感情中也是要表达的，喜欢就去说，努力一次或许就会有属于两人的幸福；如果不争取，很有可能抱憾终生。

【智慧屋】

学会表达

首先，只有当我们正确地向别人表达出自己情绪的时候，我们的所作所为方可以被人所明白，如果自己不说，那么我们的一些行为在他人眼中或许就是不可理喻的。不管是我们的正面情绪还是负面情绪，其实都应该及时表达，尤其是负面情绪，否则可能会出现很大的伤害。

过度压抑是不健康的

一个人有了不良情绪，却不表达出来，长时间压抑自己情绪的后果无非两种，一种是在心底里积生出了一些糟糕的想法，仇恨他人、报复社会；另一种就是将自己封闭起来，拒绝接受别人的帮助，习惯独来独往，将自己循环在一个怪圈里，直至对自己做出不利的事。适当的压抑，可以促使人产生前进的动力，而过度压抑则会让人走向毁灭。

不要和自己过不去，哪有那么多气

每个人生存在这个世界上，必然要和周围的环境有所接触。我们对人、对事的看法，影响我们的情绪和行为。正如天气会有阴晴一样，人的情绪也并不会总是快乐的。但是同样是心情不好，有的人就可以控制自己，而有的人则瞬间就能恼羞成怒。之所以出现这两种截然不同的表现，并不是因为人的智商或者思想存在问题，实际上，这两者的差别在于个体是否拥有良好的自制力。通常情况下，在面对令人生气的情景时，自制力良好的人，会善于控制自己的情绪，做到"忍一时风平浪静"；而有的人却是一点委屈都受不得，所以面对这种情况，他们会火冒三丈、见人骂人，完全沉浸在愤怒的情绪之中。《黄帝内经》中有这样一句表述："怒伤肝、喜伤心、忧伤肺、思伤脾、恐伤肾"，位于首位的就是"怒"，可见愤怒对人身体有极大的影响，但是这不是说人只要生气了、难过了就会对身体不好，而是说太多的情绪是不好的。人的情绪会影响人的机体功能，而机体出现问题又反过来影响人的情绪，这两者之间有着十分密切的联系。因此我们控制好自己的情绪，不但对自己的身体大有好处，而且也不会引起周围人的坏情绪，可谓是一箭双雕的好事情。人在生气的时候说出来的话对他人所造成的伤害，是今后做多少事情都无法弥补的。所以我们在生气前，应该学会"忍"。这个忍，不是说我们不能生气，而是说让自己先冷静下来，多动脑筋思考问题，这

自制力
如何掌控自己的情绪和命运

样可以避免事情发生后再后悔。

一对情侣在一起时间久了,时常因为一些无关紧要的事情而争吵,两人谁也不愿意低头。再好的感情也经不起这样三天两头的折腾,有一次男孩觉得很痛苦,坚持不下去了,于是决定分手。在分手前他找了心理医生倾诉。医生听完他说的话之后,表示自己十分理解,他对男孩说:"两个人在一起,难免会有摩擦,这是很正常的事情。即便是牙齿和舌头那么亲密的关系,也会不小心伤到对方。"男孩觉得有道理,谁知医生刚说完,就像变了一个人一样,忽然开口骂他。医生骂人的话,非常难听,男孩听到就非常气愤,准备骂回去。而医生在骂完之后,又迅速换上了一张笑脸对他说:"我知道你很想骂我,不过在骂我之前,我想请你先在心底默数十个数字,然后再骂我。"男孩虽然觉得这个建议莫名其妙,不过还是照做了。奇怪的是,在男孩数完这几个数字后,他却没有想要骂医生的冲动了。医生说:"你跟我说的这种例子,我见过不是一次两次了,要你在心底默数十个数字就是要你自己给自己一个机会,下次生气的时候,默数这几个数字的时候,心里想着对方的好,想一想和对方未来的日子,想一想能不能把这个人从你生命中剥离。当你想明白这些的时候,你们就不会再吵架了,因为你们深爱着彼此,这样的日子幸福都来不及,哪里还有多余的时间去生气?"男孩终于明白,向医生道了谢。从那以后,男孩都让着女孩,实在太生气的时候,男孩就在心底数数,气也就消了。再后来,两人走进了婚姻的殿堂,没有再吵过架。

当我们生气的时候,大部分人都在第一时间选择了争吵,因为控制自己的情绪并不是件容易的事。但是很多时候,我们是没有必要生气的，因为生气除了对自己身体不好之外，还会让事情变得更加糟糕。愤怒和争吵解决不了任何问题。当别人做了什么让我们生气的事、遇到令人生气的情景时，我们不妨先在心底默数几个数字，问问自己：为什么要生气、生气有用吗、生气会不会让事态更严重？问问自己这些问题，就会发现，这些原本就是无关紧要的事，所以完全没有必要放在心上。而且有时我们会因为别人而生气，比如下属没有做好工作，仔细想想我们为什么要因为别人做的错事来惩罚自己，这不是和自己过不去吗？甚至有些时候我们因为别人而生气，可别人根本就不知道，所以生气更没必要了，身体是自己的，气坏了受罪的也是自己，跟别人一点关系也没有，既然如此又何必生气。

人在愤怒的时候控制不住自己的情绪，容易冲动，当你忍住了自己的冲动，也许并不会对事情的发展有什么帮助，但是至少不会让自己在怒气的支配下，做出一些令自己悔恨的事情。要知道人在生气的时候，非常容易说出、做出一些偏激的事情，那么这必然会造成无法挽回的严重后果，到那个时候，后悔也来不及了。这种事情其实有很多，有的人不以为意，是因为自己没有遇到过。并不是每一次犯了这样的错都有机会去弥补，所以生气的时候别急着发脾气，也不要因为自己心情不好，就把这种气撒到别人身上，你永远不可能知道这会给一个人造成多大的伤害。

成吉思汗去山上打猎，他养了一只雄鹰，对这只鹰喜爱有加，走到哪里都喜欢带着它。他在打猎的时候，觉得口渴难耐，找了一段时间终于找到了一个山谷，发现山谷那里有水缓缓流出，于是拿出身上已经喝空的水囊接水，好不容易才接到，成吉思汗正准备喝水的时候，水囊却被心爱的鹰给打翻了，他很生气，但是忍着没有发作，又用了一段时间接水，谁知还未送到嘴边，就又被爱鹰打翻

自制力
如何掌控自己的情绪和命运

了。成吉思汗这次真的生气了，于是把它给杀了。成吉思汗顺着山谷找过去，终于发现水源的时候，看到水里有一条死掉的毒蛇。至此，他才明白为什么爱鹰不让自己喝水，可是却也是太迟了。

当一个人被负面情绪所支配的时候，他的情感和行为往往是不受控制的，也就是我们常说的做事不计后果，有多少人因为一时的冲动，毫不在意地把别人的性命残忍伤害，事后回想起来，却是为时已晚，悲剧已经造成，再也没有挽回的余地。因为自己生气就不管不顾，当时非要拼个鱼死网破，如果那个时候能冷静下来，没有被情绪占了上风，也就不会出现那么多事了。年轻人血气方刚，常常会因为一些小事发生口角，甚至因此断送了自己的前程，而年长的人就比较少出现这种情况，因为他们即便是生气，也不会让情绪主宰自己，毕竟那是一件得不偿失的事情，而且他们经历的事情多了，很多事也都看开了，对于不必要的人和事，很少让自己的情绪受到影响。

【智慧屋】

管住自己的嘴

俗话说得好："良言一句三冬暖，恶语伤人六月寒。"我们或许是一时冲动说出口的话，但有时候却会像刀子一样刺在别人身上，伤口会愈合，可伤疤却是永远都抹不掉的，所以不能因为自己生气，就把这种伤害带给别人，同时也会给自己带来不好的影响，管好自己的嘴，真的很重要。

多动脑，而不是多动手

该动脑子的时候，别被表面现象迷了眼。暴力是不能解决

Part 2
多维思考：你又不是牛，为何被情绪牵着鼻子走

任何问题的。有智慧的人，可以用自己三寸之舌，让一场战争消于无形；而不懂得控制自己情绪的人，往往是伤人自伤。想生气的时候，先冷静一下，想一想生气有没有必要，能不能解决问题，如果不能，就没有必要和自己过不去。

自制力
如何掌控自己的情绪和命运

你的自控速度，要快过坏情绪的传染速度

有没有发现一个有趣的现象：当一个人性格好、对事乐观，那么他身边的人身上或多或少也会有这样的特点；而当一个人整日悲观，他身边的人也容易变得不开心。你是什么样的人，就会吸引什么样的人。快乐是病毒，会传染，这种病毒传播速度非常快，一个人在很短的时间里，就可以把它传染给身边所有的人；而愤怒也是病毒，它的传染速度也非常之快，而且比起快乐，这种病毒对人的影响则更加深刻。快乐的时间往往是短暂的，而不快则会在一个人身上存在很长的时间。

有两只毛毛虫从小生活在父母身边，没有见过外面的世界。它们一直渴望去外面看看，看看那个世界到底是什么样子的，有一天它们终于长大了，它们被允许去外面玩半天。两只毛毛虫兴高采烈地出发了，半天的时间很快就结束了，它们回家后却有了很大的差别。一只毛毛虫垂头丧气地告诉自己的妈妈："妈妈我好难过，人类都叫我们害虫，他们不喜欢我。"而另一只毛毛虫则是这么说的："外面的世界真的很精彩，我见到了许多没见过的东西，人们还跟我打招呼，他们说'嗨虫'。"垂头丧气的那只从此以后再也不愿意出门了，它变得越来越不爱说话；而另一只却活得非常开心。

Part 2
多维思考：你又不是牛，为何被情绪牵着鼻子走

同样是第一次出门看外面的世界，两只毛毛虫却有了不同的反应，而这一反应也进一步影响了它们的未来。对待同一事件，不同的人会有不同的反应，因为每个人都有自己的性格特点和成长环境，即便是亲如双胞胎，他们的性格也会有一定的差异。有的人越活越开心，他们的人生也十分精彩；而有的人则一蹶不振，逐渐放弃了自己，变得碌碌无为。消极的情绪对人的危害是长久的，它们像是慢性病一样，一点一点蚕食人们的器官，让人逐渐走向灭亡，所以我们应该在这种病毒出现的时候，及时地消灭它们。

人们的情绪是一个不断变化的过程，有的时候，一件很小的事情却足以让一个人的好心情消失不见，这个时候，人们往往会把这种坏情绪有意无意地带给身边的人，再由这些人带给他们身边的人，层层往下传递。

某公司董事长给员工制定了早到的规定，为了让员工们能做到，自己以身作则，每天早上都去得很早，晚上又回去得很晚，员工们看到老板都这么努力，于是每个人都不敢懈怠。有一次董事长由于看报纸太入迷没注意时间，等到想起来的时候已经快要迟到了。董事长急忙出门，为了不迟到，开车超速被警察拦下，开了一张罚单。所以最后董事长到公司的时候，还是迟到了，这一幕被公司的不少员工都看在眼里。董事长回到办公室后，越想越生气，在秘书给他送文件的时候，找了个借口把他训斥了一顿。秘书也十分委屈，就把身边的同事拿来出气了。同事莫名其妙被人批评，做事变得十分消极，一整天工作效率都不高。回到家后发现妻子没有做饭，生气地把妻子挑剔了一番，这才觉得没有那么生气了。妻子正气愤，发现自己的孩子身上脏兮兮的回来了，又把孩子训斥了。孩子转身又踢了家里的猫一脚。

自制力
如何掌控自己的情绪和命运

　　这就是人们常说的"踢猫效应",也就是不良情绪的传染过程。处在金字塔顶端的人心情不好,便把这种情绪带给了紧挨着的下一层人员,而这一层人又把情绪带给了他们的下一层,这样多次传染后,坏情绪最终传到了金字塔最下端那里,即最弱小、最没有还手能力的一层群体。由此可见,一个人的不良情绪很容易就可以传染给身边的其他人,这样一传十、十传百,有不良情绪的人只会越来越多。假如最上层的人,能控制一下自己的不良情绪,那么就不会有这么多人跟着不开心了,后果也许就不会变得这么严重了。所以人控制好自己的坏情绪真的是一件很重要的事,当你有了坏情绪时,如果不能及时让它得到控制或是通过合适的方式发泄出来,那么你的这种"病毒"就会以你为中心,迅速向外扩散开来,感染你身边亲近的人,然后再由他们传染给自己身边的人,如此循环下去,所以我们应该在发现"病毒"的时候及时控制它,以免造成不可挽回的后果。

　　有一对夫妻做生意,因为没有经验,也没有防备之心,把自己辛辛苦苦赚到的钱投了进去,结果却被合伙人骗了,把他们的钱全都卷跑了。女人对这个骗子怒不可遏,时常在自己家门口用最恶毒的语言咒骂那个骗子,逢人便哭诉自己的悲惨遭遇。刚开始的时候,邻居们都挺同情他们的,也时常安慰她,但是女人就是一根筋,想不开。时间一长,再也没有人愿意理她了,再听到她的哭诉,只是让人觉得吵闹,顶多加上一句"这个女人八成是疯了吧。"没过多久,这个女人真的把自己逼疯了。无独有偶,有一位富人家里遭了贼,被偷走了一大笔钱财,他朋友知道了怕他难过,于是登门想安慰他,这位富人却觉得庆幸,因为贼人偷走的不过是一些钱财,倘

Part 2

多维思考：你又不是牛，为何被情绪牵着鼻子走

若那贼把他的性命害了才是大事。钱没有了还可以再挣，但是人没了的话，就什么都没了。朋友听了他的话觉得十分有道理，于是就告辞了。

这个女人的故事，很容易让人想起鲁迅先生笔下的一个人物——祥林嫂，虽然起初她的不幸遭遇会激起人们的同情心，但是悲惨的故事说得多了，没有人愿意再听了。不是因为人们没有同情心了，只是这个社会在进步，每个人也在进步，唯有故步自封的人在止步不前。对于已经发生了的事情，我们没有办法改变它，也不能穿越时空回到过去让它不发生，所以在发生了一些令人不愉快的事情后，最好的办法就是接受它。面对不好的事情，虽然我们失去了一些东西，但是至少我们还拥有另一些东西。做生意赔了钱我们可以重振旗鼓，从头再来；输掉了比赛可是我们还拥有健康的身体；所以说很多事情都是有两面性的，有智慧的人往往看到了积极的那一面，从而找出解决问题的办法，而另一部分人则把自己放在了深渊中，还抱怨自己不幸运，上天不眷顾，所以才没有希望。

你愿意发现，那么世界上的东西都可以找到美；你不愿意发现，就会感觉到越来越多的不顺心。这就好比是一面镜子，你对着它笑的时候，得到的也是笑容；你对着它哭的时候，得到的就是泪水。连小孩子都知道，在快乐和不快乐之间当然是选择快乐，但是这么简单的问题，偏偏成年人看不透，就是因为被眼前的不良情绪迷了眼，就像是大雾一般不但让人看不清自己要走的路，而且还会侵蚀人的自信心，让人变得越来越不像自己。你完全可以自己去选择，或是用良好的心态去面对困难、赢得成功；或是胆小退缩、不敢去做。不管做什么决定，选择权都在自己手里，但是这两种选择的结果，却可能让人有两种截然不同的人生。

自制力
如何掌控自己的情绪和命运

【智慧屋】

多一些豁达

人生在世,难得糊涂,不是多么重要的事,就别在上面浪费太多的精力,我们没有必要为一些小事而耿耿于怀,只顾着脚下的石头,却忽略了沿途的美丽风景,时间那么宝贵,如果都用在了不开心的事上,岂不是一种资源的浪费?如果一点不开心的事就影响了自己一整天的好心情,还给身边的人带来同样的负面情绪,岂不是得不偿失。所以每个人都应该开阔一些心胸,这样不良情绪就会少得多。

学会自我开导

人生不如意之事,十之八九,所以面对这么多不开心的事,如果我们不学会自己开导自己,那么人活着就都是不开心的事了。即便是让人不顺心的事,也可以从中找到积极的一面,找出这一面,就会发现事情其实也没有像我们想象中那么糟糕。以乐观心态去看待,事情就没有那么坏;怨天尤人没有用,只会觉得事情更加糟糕了,其中的关键在于我们如何看待这种不顺心。当你学会开解自己的时候,很多困难都可以迎刃而解,只有你自己救得了自己。

预想最坏的结局——但结局往往没那么坏

当我们准备做一件对自己来说很重要的事以前，通常都会把事情的发展大致规划一下，既然做了事，那就一定是想要看到好的结果，但我们其实会把所有的结果都想一下，尤其有时还控制不住自己，总是会想到不好的方面。大概每个人都曾经有过这样或类似的经历：我们忐忑不安，害怕自己做不到，又怕自己做得不够好，在结果没有公布之前，担心这个、担心那个，一般情况下，这个结果却不像我们想的那么坏。我们可以看到，其实很多时候，我们的担心都是没有必要的，所以对还没有发生的事情，我们要做的就是尽自己最大的努力，结果往往不会让人失望。

一位刚大学毕业的女生，被一家实力很好的公司录用了。由于有着三个月的试用期，所以她在公司工作十分认真，希望自己在三个月之后能被留下来，就可以成为正式员工了。女生做事勤快，嘴巴也甜，老同事们对她的印象都很好。有一次上司问她要一些文件的时候，没在意手边的水杯，杯子里的水洒到了文件上，她立刻用纸擦，但是已经来不及了，上面的几张文件已经湿了，即便是擦干后纸面也变成凹凸不平的了。她连连向上司道歉，就怕因为自己的这一个小错误而不能被录用。即便上司已经跟她说没事，以后注意些就好了，但她就是控制不住自己，吃饭的时候、发呆的时候就胡

自制力
如何掌控自己的情绪和命运

思乱想,严重的时候晚上觉都睡不好。幸运的是,试用期过后,女生被留在了公司,终于如愿以偿地成为一名正式员工。

　　这名女生的担心可以理解,毕竟她为能留下来付出了许多努力,当然事情的结果也是令人满意的。可以看出,她是在为还未发生的事情担忧,但是这样过度地担心,可能对她之后的工作有影响。假如她为能不能顺利留下来这件事殚精竭虑,那么肯定会影响她日常的工作,到那个时候,公司是肯定不会留下工作中屡屡出错的人的。所以说,我们没有必要为还没有到来的事情过分担忧,这样可能会起到适得其反的作用。真正需要我们做的,就是努力做好自己的本职工作,那么结果就不会太差。我们可以在结果没有公布前做最坏的打算,但这并不是说结果就一定是最坏的,我们做了最坏的打算,但是当结果出来,我们发现它出乎我们的意料,甚至大大高出了自己的预期,那么我们的心中就会感到非常惊喜,这就像有句话说的一样:"期望越大,失望就越大。"道理是一样的,所以当我们做了最坏的打算,就算真的出现了最坏的结果,我们也不会特别难过,因为我们已经提前给自己打过预防针了,何况我们尽力去做一件事时,结果往往不会是最坏的。

　　忧虑、担心在我们每个人的身上都或多或少会存在一些。这种情绪不是像快乐、痛苦那样可以分为积极情绪和消极情绪,我们不能简单地说它们属于某一种。有的人不会因为这种情绪影响心情,反而把它们当成一种前行的动力,而有的人则被这种情绪包围,时常感到一种深深的无力感,明知是不必要的也没有用,还是摆脱不了,所以做事情集中不了注意力,事情自然无法做好。适当的担心不会给我们的生活造成什么不好的影响,而时常陷入忧虑的人,则会出现茶饭不思、夜不能寐的情况,影响自己的身心健康。担忧过

Part 2
多维思考：你又不是牛，为何被情绪牵着鼻子走

度既不能让过去的事情改变，也不会对现在正在发生的事情有所帮助，更不能预测未来事情的发展，这种情绪对我们来说几乎是没有任何意义的，所以才有了"杞人忧天"这个成语。

生活中有无数这样的事例。原本品学兼优、成绩始终名列前茅的学生，却在关键的时刻，如中考、高考这样非常重要的考试中，发挥失常，不是因为他们不会做，而是他们感受到了压力，来自同学、老师、父母，和他们一样优秀的人的压力。他们非常忧虑，就怕自己考砸了，越是告诉自己不准这样想，越是控制不住自己的焦虑。在这样的恶性循环下，他们没有办法专注于自己的学习，因为他们的注意力被分散到别的地方了。例如，特别在意名次还有别人对自己的评价。结果就是他们的成绩有了明显下滑，对自己也变得没有信心，在这种情境下，失败就成为意料之中的事情了。

据科学研究证明，人们的担忧大致源于四种事件，即过去发生的、现在发生的、将来有可能出现的以及我们不能改变的。这样看来，我们的担心完全是没有必要的，而且长时间的担心不仅会慢慢损伤人们的身体健康，还会让我们无法集中注意力于自己要做的事情上。我们说一个有自制力的人，往往善于控制自己的情绪，同样的，有自制力的人也不会存在过分焦虑。

想要摆脱过分担忧这种情绪其实并不困难。首先，当我们面对一件非常棘手的事情时，不妨试着先跳出来看看，俗话说"当局者迷，旁观者清"，当我们跳出来的时候，就从当局者转变成了旁观者，这个时候再来看自己的处境，或许能找出解决的办法。即便是找不到也没关系，我们可以想一个结果——最坏的结果，当我们已经做好了最坏的打算，最后的结果可能没有我们想的那么悲惨。例如，有的人觉得失恋了自己就什么都没有了，可实际上我们除了恋人还有亲人，还有朋友，我们还有健康的身体，这些都是我们所拥

有的，所以我们只是失去了一个恋人，并非一无所有，况且还有人说过："失恋是给真爱让路。"当想明白了这一点的时候，就会发现原来事情并没有想象中那样糟糕。

然后是尝试接受。试想一下，去医院看病的人，听到医生说情况不是乐观的时候，他们的第一反应通常是："不会吧""这不是真的""我不相信"，因为结果不是自己想要的，拒绝接受也是人的一种本能。有的人听了这话之后忧虑重重，就怕自己最后的检查结果是什么绝症。但是冷静下来之后可以试着接受，因为到底是什么病，结果还没有出来，所以不用急着做什么，而当结果出来的时候却发现没有自己想象的那么严重。

最后是去改变。有人说事情已经朝着最坏的方向发展了，做什么事都没用了，改变不了结果的，但事实往往不是这样的。例如，原本被医生宣告只能活几个月了的人，起初他们不愿意相信这种事会落在自己身上，可随着时间的流逝，他们也逐渐接受了这个事实，因为拒绝没有用、担心没有用、哭闹也没有用，所以更多的人选择了接受，他们把时间用在了积极治疗上，而不是做那些无意义的事。与其浪费时间，倒不如积极接受。他们用自己顽强的毅力和不屈不挠的努力，勇敢地和病魔做着斗争，在"宣判书"出来之后半年甚至一年，仍然活着的也大有人在。所以永远不要放弃，只要我们努力就会有希望。

【智慧屋】

不要杞人忧天

不要为没有必要的事情浪费时间，也不要把心思放在没有意义的事情上，因为这样做除了让人变得更加忧虑之外，没有

Part 2
多维思考：你又不是牛，为何被情绪牵着鼻子走

任何作用。没有发生的事，无须担心；已经发生的，无法改变，所以我们要做的就是做好自己眼前的事情，只要认真了、努力了，结果就不会太差。

积极面对

如果事情已经有了最坏的结果，也请不要放弃，很多时候，再坚持一下是可以看到阳光的。我们不能改变的事情，就坦然接受，一味地拒绝、担忧，只会让事情变得更加糟糕。改变自己的心态，正确面对坏的结果，就能摆脱烦恼，享受生活。

自制力
如何掌控自己的情绪和命运

滚蛋吧！坏情绪

人们常说：把你的快乐和别人分享，就会更加快乐；把你的痛苦告诉别人，痛苦就会减半。由此我们可以看出，人的情绪很神奇。生活中，我们总会遇到很多令人不满意、不开心的事情，如果我们不能学会调整好自己的心态，在出现了不良情绪的时候，不能及时做出反应，用合理的方法减轻负担，久而久之，人的身体和心理都会有损害，所以我们每个人都应该了解、学会一些释放不良情绪的方法，这样当我们生气的时候，就可以比较容易地控制自己的情绪，不至于做出什么让自己后悔的事。

大学毕业后几年，小如在公司表现良好，身边的同事都很喜欢她，他们都觉得小如是一个善解人意、可以深交的好朋友。但其实早些时候小如的性格不是这样的。在上高中、大学的时候，小如是个脾气不太好的姑娘，她时常会因为自己心情不好而迁怒到身边的人身上，一次两次大家也都能理解，但是也不能每次一生气就拿别人出气，久而久之，大家也没有那么迁就她了。小如每次生完气都很懊恼：又没有控制住自己。她发现身边的朋友和她的关系正慢慢变得疏远。为了解决这个问题，小如想了很多办法，最后她发现了一个很适合自己的方法，那就是购物。每次和朋友逛完街，她的心情就会有很大的变化，假如之前她心情不好，那么逛完街后她的心

Part 2

多维思考：你又不是牛，为何被情绪牵着鼻子走

情就会有明显的好转；如果是原本心情就很好的话，就会变得更开心。发现这一规律后，小如每次生气就去买东西，但她也不是无节制地买，平时不舍得买的这时候都买了。毕业后工作也十分努力，生气时就买东西犒劳自己，然后工作就会更加积极。

生气的时候买东西就不生气了，其中是存在着一些道理的。比如对喜欢的事物，我们总是下意识地去观察它、在意它，注意力都集中在这里，时间自然就过得非常快。而对我们不喜欢的东西，则会越看越难受，容易产生度日如年的感觉。所以说当我们心情不好的时候，可以找一些自己喜欢的事去做，不管是购物、唱歌、看书或是睡觉，只要你喜欢，能让你觉得开心的事都可以做，做自己喜欢的事，就能让我们的不良情绪有明显改善。

人们常说："在家靠父母，出门靠朋友。"认真想想我们还是很幸运的，小时候受了委屈，可以和家人倾诉，得到他们的安慰；长大后身边有了朋友，他们在我们难过的时候，给予一个拥抱，我们得到的是理解。每个人生活在这世上，都不是一个单独的个体，从我们出生那一刻直到离开世界前的时间里，我们都与别人有着各种各样的联系。所以不管是开心或者不开心，我们都可以找人倾诉，当我们把自己内心的真实想法告诉他人时，我们的心情就会轻松一些，听我们说话的人或许还能帮到我们的忙，有时候自己怎么都想不出答案的问题，可能因此迎刃而解了。不要觉得找人倾诉是软弱的行为，有了困难自己解决不了，却还顾及面子不说的人，才是最软弱的，承认自己的无能为力，不是说我们就什么都做不好了，只是在某些时刻，我们自己想事情可能会钻牛角尖，看事情变得云里雾里，告诉他人，也许就能"一语惊醒梦中人"。学会和朋友家人倾诉，即便他们什么也帮不了我们，但是当我们说出来的时候，心情

自制力
如何掌控自己的情绪和命运

就会好很多，也能让自己松口气，不至于把自己逼得太紧。

去一个远一点的地方，最好是有大海或者高山的地方，对着它们大声说出自己心里的不愉快，也可以什么都不说，只是大声喊，反复几次，就可以把自己心中郁结的东西吐露出来，喊完之后，人的心情也会变得平和些。找个地方坐下来，看一看面前的风景，不管是宽阔的大海还是高耸的山峰，都能洗涤人们的心灵。大自然的力量是神奇的，它虽然不会说话，但是它却会无形中给我们一些启示，看着风景人的心就会慢慢沉静下来，让自己回归自然吧，你想知道的它都会告诉你。

有一个很有用，但是许多人却不愿意用的方法，那就是哭泣。以前常听过一句话叫"男儿有泪不轻弹"，我们的文化，还有男女性格的差异都时常告诉我们：男生不可以哭，哭是弱者的表现，是懦弱。所以大部分情况下，我们都很少见到男生哭。但不管是男生还是女生都可以哭泣，而不是说只有女生才能哭泣，这不是她们的专利。人在某一时刻会觉得心中非常压抑，做什么都觉得没有力气或者提不起劲，或许哭泣就是最好的办法。如果不想让人看到自己哭，那么可以找一个没有人的地方，大哭一场，把心中的委屈、不快全都释放出来。即便是伟人，也有软弱的时候，所以不要觉得哭泣是一种没有用的、软弱的表现。

还可以借助运动来调节情绪。这种方法算得上是简单、实用且没有副作用的好方法了。运动结束后再洗一个热水澡，这样全身的每一个细胞都像被重新换过了一样，人也会觉得非常有精神，这样一来，再去解决问题时头脑就会清醒很多。

Part 2
多维思考：你又不是牛，为何被情绪牵着鼻子走

【智慧屋】

适合的就是最好的

如果喜欢音乐，那么心情不好的时候就静心听歌；如果喜欢热闹，那么心情不好的时候就去人多的地方，看一场表演或是一场比赛；如果喜欢读书，那就找一本感兴趣的书去读。总之想要改善不良情绪，方法有无数种，我们要做的仅仅是找出适合自己的、自己喜欢的事情，然后去做就可以了。

坏情绪是常态

不管是积极情绪还是消极情绪，其实都是我们成长过程中必不可少的，面对积极情绪，我们心中高兴，做事更加努力；出现消极情绪，也只当是生活的调味剂，不要把它当成洪水猛兽，只要我们用正确的态度去对待它，借助于一定的方法就能将其排解出去。

PART 3

目的感:
你的自我管理方式
透露出你的层次

　　一个有了目标的人,就像是在黑暗中有了一盏路灯,指引着他前进的方向,所以我们为了达到自己希望看到的结果,也应该为自己设立一个合理的目标。在我们实现目标的过程中必然会遇到重重阻碍,自然也离不开自制力,当我们有了强大的自制力,就没有什么能打败我们。

Part 3
目的感：你的自我管理方式透露出你的层次

你的兴趣里藏着你的目的

某人从小喜欢小提琴，练习的时候格外认真，他长大了也很有可能成为一名出色的小提琴手；某人一直热衷于观察昆虫，时刻畅游在科学的世界里，他最后可能会成为一位优秀的生物学家。当一个人热衷于某件事的时候，只要坚持做下去，那么这个世界都会为他让路。而一个有自制力的人，也必然是一个有着坚定目标的人。我们常说，做事情之前要先确定一个目标，有了目标，人在遇到危险或者被外界诱惑的时候，才会不忘初心，排除万难地走下去。

《西游记》是人们耳熟能详的一个故事，师徒四人克服重重困难，历经艰险终于到达了目的地，取得了真经。我们都知道这个故事中刻画的师徒四人，除了玄奘，其余三个徒弟都是虚构的，但取经的故事是真实的。唐三藏之所以能不畏艰难、只身前往西天取经，正是因为他心中有着坚定的信念，他坚信自己一定能找到佛经普度众生，最后他也确实做到了。人们常说：艺术来源于生活又高于生活。吴承恩创作了一本《西游记》，让我们看到了性格迥异的师徒四人，以前我们心中最喜欢的可能是孙悟空、猪八戒、沙和尚，甚至是天上的神仙、地上的妖怪，很少有人喜欢唐僧，现在却反而觉得唐僧虽然没有功夫，也不会法术，甚至有的时候还很迂腐，但我们不得不承认：这个团队里少不了他。因为唐僧不管是面对妖怪的恐吓，还是面对柔情的女儿国国王，他都未曾动摇过取经的心。反观

自制力
如何掌控自己的情绪和命运

我们自己或是身边的人,却很少能做到像唐僧这样,不动如钟。即便我们有了非常清晰的目标,但我们在完成目标之前,总是会把心思放在别的地方,一会儿做一下这个,一会儿玩一下那个,甚至是拖延,不到最后时刻绝不开始做,这样看来,我们还不如唐僧。

　　成功说难也难,说容易也容易,关键在于个人怎么对待。有的人凭着自己对梦想的执着,遇到困难从来不觉得辛苦,反而能激起自己的斗志,让自己觉得战胜困难也是一件快乐的事情。因此每当他们遇到困难的时候,就会以轻松的心态来对待,久而久之就变成了一种坚持、一种习惯,这样的人,当然会成功。而能给予我们动力的又是什么?大概就是兴趣吧。因为对一件事有了兴趣,所以我们才乐此不疲地为之付出,不管遇到多大的困难,都不肯放弃,这反倒会激起我们更大的信心:一定要做成功。一个心中有目标的人,会更容易集中精力努力奋斗,因为他抬头就能看到,目标就在那里等着他,所以他奋力前行,直至抵达目的地。

　　人的选择就是这样决定了一个人的未来,不去坚持、不去付出,一生也不过是平平淡淡地做着自己不喜欢的事。问问自己:现在拥有的,是不是自己想要的,如果不是,现在改变还来得及,选择自己喜欢的事去做,你就会发现,原来自己身上蕴含着这么大的力量,能做自己喜欢的,会是一件非常幸运的事。

【智慧屋】

择己所爱

　　人的一生中会面对无数的选择,从前一次次的选择造就了现在的我们,这一生如此漫长,而当我们选择自己喜欢的事去做,就会发现,有多少困难都不再是困难了,它们变成了我们脚下的石子,让我们更加坚定地向着自己的目标走去。

Part 3

目的感：你的自我管理方式透露出你的层次

爱己所择

有句话说得好："既然选择了远方，就应该风雨兼程。"事实确实如此，当我们选择了流浪，就应当放弃安稳；当我们确定了目标，就应该为之不懈奋斗。当人们做自己喜欢的事情时，就不会觉得苦，也能避免出现"虎头蛇尾"的状况。

自制力
如何掌控自己的情绪和命运

需要你用心理会的永远只是自己

很多人都说：想坚持做自己喜欢的事太难了，因为有无数的阻碍会跳出来妨碍我们，有时候是"天意"，有时是人为，所以我们最后放弃了自己喜欢的。当然也有人坚持了，不过坚持了一段时间之后还是放弃了。当我们努力克服困难的时候，就相当于我们在提高自己的自制力。

媛媛是个爱笑的姑娘，她时常能给身边的朋友带来欢笑，但她心里有的时候并不快乐，因为她自己是个小小的、胖胖的姑娘。媛媛有一米六的个子，其实并不算矮，但由于体重的原因，整个人看起来不显高。夏天的时候，媛媛也想像其他女生那样穿裙子，可她从来不敢尝试。即便媛媛性格好，但她也曾无意中听别人在背后叫她"圆圆"，她很难过。媛媛之所以有这样的体重是因为她小时候生过一次大病，吃了药之后就变胖了。后来她也一直锻炼身体，试图通过跑步来减肥。给她泼凉水的大有人在，但不管别人怎么说，媛媛都没有放弃过。两年过去了，媛媛成功地甩掉了身上多余的脂肪，摇身一变成了一位亭亭玉立的少女，甚至还有了一些追求者。

现在的人，尤其是大部分女生都对自己的体重不满意，有的明明已经骨瘦如柴了，还是一直嚷嚷着要减肥；而有的胖女孩，也告

Part 3
目的感：你的自我管理方式透露出你的层次

诉自己少吃一点，多运动，可是身边有不少人都好心劝她：你现在的样子就很好，很可爱啊，不用减肥对身体不好这样的话，再加上各种各样的美食诱惑，她们的豪言壮语也很快就被抛到了九霄云外。单单是减肥这样一件简单的事，就出现了这么多的困难，更何况是别的事情。身边的人有时候是为我们好，但是他们对我们的好是属于溺爱那一种，舍不得看我们辛苦，所以劝我们不要去做。外界的诱惑也是一大影响因素。办健身卡的人有很多，但是坚持每周练习的只有几个。减肥到底有多难，其实真的没那么难，管住自己的嘴，少吃东西；管住自己的腿，多运动，一天一天，只要肯坚持，怎么会瘦不下来。实际上很多东西都会成为我们前行路上的阻碍，当你不把别人的一些"好话"放在心上的时候，你就已经克服了一些困难。

比尔·盖茨的故事几乎无人不知，我们现在使用的微软就是他创立的，这极大地方便了我们的生活。比尔·盖茨小的时候就十分聪明，13岁的时候他就会自己设计电脑编程，并且第一个编程还给他带来了一笔收入。上完中学后，比尔·盖茨萌生了去哈佛上大学的想法，原本他的父母希望他能像父亲一样做一名律师，但是在他的坚持下，父母不再逼迫他，而是给他自由发展的空间，盖茨是一个很有想法的人，在哈佛学习一年后，他又有了新的想法——辍学创业，父母这时候就不像上次那么好说话了，毕竟哈佛是一所那么好的大学，放着大好的前途不要，非要退学创业，前景如何谁也说不好，这个想法即便是放在现在也不见得有多少人支持，更何况是当时。但盖茨对创业的想法始终坚定不移，经过多次交谈，父母了解了儿子的坚定决心，也只能选择成全。盖茨就这样毅然决然地离开了令无数学子向往的象牙塔，事实证明，他的选择是正确的。

自制力
如何掌控自己的情绪和命运

假如当时比尔·盖茨的父母不同意他辍学，假如他最后妥协了没有辍学，可能这个名字就不会像现在这样出名。别人说的话可能让人成功，也可能让人错失成功的机会，但其实与这件事关系最密切的还是自己，所以如果你坚定自己的想法，那就做下去，不要在意别人怎么说，机会要自己把握，你的事你做主，当然，最后无论结果好坏也要自己承担。

只要有人的地方，就必然少不了八卦。我们没办法堵上别人的嘴，但是有办法管住自己的嘴。当别人对某人背后议论的时候，我们可以不和他们一起议论，不背后议论别人，是一种良好的修养。不管是在哪里，即便我们做得再好，也还是会有人对我们挑剔。不要把所有的事情都告诉别人，尤其是秘密。因为秘密这个东西，你告诉了别人，别人可能扭头就告诉了他的朋友，这样传下去的结果就是：你的秘密会变得人尽皆知。有了成就也不必表现得过于开心，要知道你好心和别人分享你的快乐，结果却可能被人当成在炫耀，俗话说：害人之心不可有，防人之心不可无，与人交往的时候，还要注意分寸。有的人被误会也不解释，不是因为他们错了，只是因为没有必要在别人身上浪费时间，解释了也只会是越描越黑，所以与其花时间在这些没有意义的事情上，倒不如专注于自己的目标，用自己的成就堵住那些人的嘴。

每个人都想成功，纵观那些成功人士，哪一个在成功前不是咬牙坚持下去的，我们看到他们成功了，羡慕他们成功了，但却很少想他们在成功前也是克服了无数的困难才有了今天的辉煌。只要你是金子，在哪里都可以发光，所以只要你坚信你可以，为了达成目标坚定地走下去，不被路上的困难所击败，你也可以获得成功。当然我们为了目标而奋斗，并不是为了让别人知道我们的名字，而是这个过程是美好的、让人充满斗志的，所以我们收获了成功，当我们年老的时候回忆起这些事，能够对自己这一生问心无愧，这就足够了。

【智慧屋】

是实践不是理论

好话谁都会说，道理也可以信手拈来，可成功从来不是空想出来的。心中有着满腔热情、雄心壮志，却不去做，每次都对自己不够狠，总是告诉自己下次一定全力以赴，可是人生并没有那么多的下一次，人这一生就那么多年，过一天少一天，空有想法，就是不去做的人永远也不会成功。

自制力
如何掌控自己的情绪和命运

远离恶意打击你的人

每个人都有朋友，朋友也有分类，有的朋友会在我们困难的时候，向我们伸出援手；有的朋友自以为是为我们好，却说一些、做一些让人难受的事。俗话说得好："近朱者赤，近墨者黑。"跟什么样人在一起时间久了，我们自己也可能会变成那种人。一个人的生活环境、家庭状态以及人际交往等因素共同造就了这个人的性格特点，和充满阳光的人在一起，自己也会变得乐观开朗；和整天悲春伤秋的人在一起，自己也会变得闷闷不乐。

多少年轻人都以为，和喜欢的人结婚，就能从此过上幸福的生活。苏青就是这样想的，苏青和现在的丈夫谈了几年的恋爱，彼此都觉得到了结婚的时候，于是就领了证，再后来有了孩子。婚后苏青辞了工作，在家带孩子。丈夫总是怕苏青没钱了，经常给她钱让她花。苏青不想做一个家庭主妇，就和丈夫商量自己想做生意，丈夫却说："一个女人不好好在家带孩子，做什么生意，我挣的钱不够你花吗？"苏青只是觉得相夫教子的生活让她整个人都变得憔悴了不少，所以想找事做。苏青想学画画，丈夫说："你以为自己是小孩子吗？画画可是要从小就学的，你现在学，太晚了。"凡此种种，苏青做什么丈夫都打击她，说她做不好，后来苏青提出了离婚。

Part 3
目的感：你的自我管理方式透露出你的层次

两个人的生活和一个人是不一样的，一个人可以活得很潇洒，两个人却不一定能。原本是相爱的两人，谁又能想到最后闹到了离婚的地步。其实很多事情都是有征兆的，只不过时常被人们忽略。丈夫一直打击妻子、不相信她，这会让人很受打击。一个人想活得快乐不是只有物质上的满足就够了，更多时候我们之所以快乐是因为精神上得到了满足。即便是再好的关系，如果一方带给另一方的始终是打击，那么这样的关系必然不会长久，没有任何人愿意和一个从不支持自己的人在一起。成功的道路泥泞曲折，我们行走在这样的路上，碰到的困难肯定不会少，所以我们不需要那些一直给我们泼冷水的人。我们的满腔热血，可能在有些人眼中就是无聊的事，我们好不容易建立起来的信心，就像是那一点点火苗，虽然小但是凝聚了我们的汗水和付出，可是那些恶意打击我们的人说出的话，如同一盆冷水浇灭了我们的火苗。"星星之火，可以燎原"。没有什么不可能的，只要我们想成功，努力去付出就一定会有结果，为了让这一天早些到来，我们应该离那些泼冷水的人远一点，如果始终待在这种人身旁，我们永远也不会有成功的那一天。

当我们想做某件事的时候，总是会有人跳出来，打着为我们好的旗号，不让我们做，还有的则直接对我们说类似"你不行、你做不到"这样的话。我们的亲人、朋友，甚至是陌生人，都可能对我们说出这样的话。有的人是真心为我们好，主要是担心我们受伤害，而有的人则用这些话试图打击我们、否定我们。人活一世，总要为自己而活，如果总是听别人的话，那么我们很快就会失去自我。要分清那些故意说难听话打击我们的人，这种人有可能因为自己做不到，所以也不希望别人做到，不然这样会显得他们没用。我们应该离这种人远一点。我们常说自己要变得强大起来，内心必须先强大，但是在我们还未强大自己内心的时候，假如时常被人说一些打击的

自制力
如何掌控自己的情绪和命运

话，时间一长，自己的自信必然也会受到一定影响，所以当我们发现自己身边存在这样的人时，我们就应该及时地远离这些人，不让他们影响我们。

　　有一个小孩出生时，他的父母像所有的父母一样，也对他抱有很大期望，希望他将来能有所成。但是这个小孩却并不聪明，和他同龄的孩子们都会说话的时候，他的发音还停留在牙牙学语的阶段，甚至比他小两岁的妹妹和人交谈起来都不费力的时候，他也只能勉强说几句话，而且说的话还东一句西一句的。这让他的父母很担心，他们不知道自己的这个笨孩子将来会发展成什么样。但是这个孩子从小就特别喜欢思考问题，在他四五岁的时候，就对指南针始终指向一个方向感到惊讶，向大人们问了许多问题，他迫切地想知道罗盘里面指南针的秘密。这个孩子直到10岁才被送去学校，老师和同学们都知道他"笨"，他时常受到别人的嘲笑。有的老师还笃定地告诉孩子父母"你们的孩子将来就是一个普通人，不会有什么成就的。"这个孩子就在这样的环境下慢慢长大了，16岁他想离开中学，原本是自己想离开的，只不过最后是被开除的。他想报考苏黎世大学，可惜没能考上。但是这个学校的一位物理学家看过他的成绩后表示："这是一个聪明的孩子，但是他不愿意表现自己。"事实也确实如此。这个从小被人说笨的孩子，这一生都在思考各种问题，并提出了相对论、光电效应等理论，对物理学的发展起了极大的推动作用，他就是著名的物理学家阿尔伯特·爱因斯坦。

　　爱因斯坦从小被扣上"笨孩子"这顶帽子，可他爱思考，而且从来没有因为别人说自己不行，就放弃了思考，相反养成了爱思考、爱问问题的习惯，这种习惯一直影响着他。如果不是爱因斯坦坚持

Part 3
目的感：你的自我管理方式透露出你的层次

思考，或许我们现在还不知道相对论等这些著名的理论。"笨孩子"也有春天的，一个人在某方面没有才能，不代表他在这方面永远都没有才能，更不代表他在别的方面也没有才能，所以不要因为别人的一些话就否定自己，只要你坚信自己是金子，你就会发光。

【智慧屋】

物以类聚，人以群分

专注自己的目标不容易，尤其是总有一些人阻碍我们的时候。但这时我们更应该坚定自己的目标，坚信自己是正确的，不去努力就放弃，会让自己有遗憾，即便是失败了，也比遗憾好。

对说你不行的人说"不"

我们心中有目标，所以向着目标努力奋斗，一路上会有各种各样的声音，而不管是哪种声音，我们心里都应该清楚：我们不能为此停留，前方的道路还很遥远，一旦我们驻足，就有可能错失成功的机会。尤其是那些泼我们冷水的人，我们更应该坚定地对他们说"不"。

自制力
如何掌控自己的情绪和命运

跳起来摘苹果

年轻人都是一群热血分子，情绪很容易就会被带起来，他们非常渴望成功。但成功从来不是靠着看几本成功学的书就可以得来的，要是那么容易的话，这些书岂不是就变成了无价之宝，到那时还有谁愿意脚踏实地地去奋斗、去拼搏。首富的言论也曾让一些年轻人热血沸腾，他们仿佛看到了成功后的自己，可事实是，他们的热情只维持了很短的时间，因为他们发现成功根本不是想象中那么容易，太难了，所以他们慢慢放弃了。成功的人从来不是嘴上说说就结束了，再多的豪言壮语，都不如去做来得实在。目标容易定，但是想找到适合自己的目标，却并不是那么容易的。

一个原本在报社工作的年轻人，因为心中对创作有着强烈的欲望，所以在不久后便辞掉了自己的工作，以便专心写作。辞了工作后的年轻人，却犯了愁，因为他发现心中的东西，自己写不出来。他迫切地想写出一些能让世人"津津乐道"的东西，可每次他一写的时候，就会对那些文字不满意，又重新开始写，好不容易感觉自己写的东西能投稿了，但是上天好像又和他开了个玩笑：他投出去的东西总是石沉大海。这种状况持续了很长一段时间。有一次年轻人和自己的朋友聊天，向他倾诉了自己的不快。朋友邀请他去一个

Part 3
目的感：你的自我管理方式透露出你的层次

地方，但是那个地方非常远，他们两个人走过去的话要花掉小半天的时间。他对朋友提出的这个建议感到不可思议，而且他也觉得他们两个人做不到。朋友看出了他的想法，于是退而求其次，说他们随便走走。于是两个人出发了，一路上他们谈起彼此高兴的事情，遇到一些感兴趣的商店还会进去看看，两人就这样说着走着，不知不觉时间就过去了。等年轻人发现他们已经走到之前说的那个地方时惊诧不已。朋友告诉他，朝着目标奋斗的方向是对的，但是把目标定得太远就会把自己吓到，总觉得走了很远的路，却还是看不到曙光。只要脚踏实地，选择合适的目标，一步一个脚印，就能取得成功。年轻人听了这些话若有所思，他调整了自己的目标和心态，最终成为著名作家，实现了自己的梦想。

努力拼搏没有错，有目标也没有错，但是如果一个人把目标定得太高，就有可能在实现目标的路上夭折，因为明明努力了，可希望还是那么远，时间长了，就会给人的自尊心和自信心带来极大影响，让人时常感受到挫败感。一个对自己没有信心的人，又怎么会成功。树立过高目标的人，就像是站在树下还想伸手就能摘到树最上面的苹果一样，这几乎是不可能的事。正确的目标应该是像我们蹦起来能够摸到的苹果那样，不是太低，这样即便成功了人也没有成就感；也不会太高，让人觉得怎么努力都没有用。

民间传说中，炎帝神农的女儿叫女娃，女娃有一次在凡间游玩，看到一个大小孩骑在一个比他小的孩子身上，小孩子都已经累趴了，大小孩还在骑他，女娃看不得恃强凌弱，于是上前说了大小孩，谁知大小孩是龙王的儿子，他并不听女娃的说教，女娃气不过便将他

自制力
如何掌控自己的情绪和命运

打了一顿，龙王的儿子丢了面子逃回了大海。没过多久女娃在海中游玩的时候，又碰到了龙王的儿子，龙王儿子不依不饶地要她向自己道歉，女娃不肯，龙王儿子便让海水淹了女娃。女娃死后不甘，灵魂成了一只精卫鸟。每天都会衔起一颗颗小石子或是小树枝，想要将大海填平。

这就是我们小时候常听的神话故事精卫填海，这篇神话告诉我们的道理是做事要坚持不懈、永不言弃。可实际上，这个故事也说明了人不能把目标定得太不现实，精卫填海不管什么时候都不会成功。类似的还有夸父逐日，螳臂当车，虽然这些都是神话故事，但是我们还是可以从中看出：不切实际的目标是没有意义的，改变不了结局，也不能让自己成功。著名物理学家焦耳曾花了十年的时间试图研究出永动机，最后他终于明白，永动机违背了物质守恒定律，即便是再花十年也是造不出来的。所以对于这种做不出来的东西，他最后放弃了。

如果要做的事情太难，我们不妨把它分成几个部分，然后再一步步地完成每一个部分。任何大的成功都不会是一举得到的，它通常都是由很多个小目标共同组成的，无数个小目标被实现就是一个大的成功。急于求成的人，往往把眼光看得非常远，殊不知再远的地方，也是一步一个脚印走到的，如果不能脚踏实地地完成每一个目标，成功又怎么会近在眼前。我们也许这一生都挣不到一个亿，那又有什么关系，我们可以给自己定个小目标，比如一年攒下 3 万、5 万，这个数字对普通人来说，就是一个不是很高的目标，只要我们多加努力，基本都是能做到的。

Part 3
目的感：你的自我管理方式透露出你的层次

【智慧屋】

脚踏实地

不管一个人有什么样的目标，他都应该对事认真负责、实事求是，不要因为有了一点成就就沾沾自喜，也不能因为一点失败就垂头丧气。给自己定一个合适的目标，有了目标就有了前进的动力，只要勤勤恳恳朝着目标奋斗，就一定能实现目标。

及时修正方向

有了合适的目标，我们在努力的过程中，也要注意，有时我们的方向会不自觉地出现偏差，所以一旦我们发现了这个问题，就应该及时改正自己的方向，而不是不管不顾地一直往前冲。错了一点很容易纠正，要是不去纠正，等最后发现的时候就可能已经偏离了原定的方向，再也回不去了。

除了你自己，没人能打败你

有没有这样的时刻，当我们觉得自己怎么努力都没有用，就算是坚持也没用，甚至开始怀疑自己的时候，却不甘心就此认输，所以又拼搏了一次，却因此成功了，这可真的称得上是"柳暗花明又一村"啊。不少人都曾有过这样的时刻，所以他们成功了，而有的人没有成功，不是因为他们没有作为，而是他们没有坚持到最后一刻。纵观古今中外，但凡是有所成就的人，哪一个不是咬牙坚持过来的，试想如果他们中途放弃了，那么我们现在也不会知道这些人了。

有一位生活得非常穷苦的年轻人，他穷得甚至买不起一套像样的衣服。在别人眼里，这就是一个穷小子。偏偏这个穷小子还不认命，因为他喜欢演戏，所以他想当演员、当明星。那个时候，他仔细数过，好莱坞一共有 500 家电影公司。为了能被成功聘用，他结合自身的情况把这些公司排出了一个先后顺序，然后带着自己的剧本一一去试镜。遗憾的是，他走遍了这 500 家公司，没有一家愿意聘用他。这个不乐观的情况，并没有让他气馁，他重振旗鼓，开始了第二轮的拜访。结果依旧是失败，接着是第三次、第四次，到了第四次，他被第 349 家公司拒绝，去了第 350 家公司的时候，电影公司表示可以把剧本先留下。几天后，他和电影公司的老板有了一

Part 3
目的感：你的自我管理方式透露出你的层次

次长时间的谈话。老板表示认可他的剧本，愿意投资让他作为这部戏的男主角，后来电影一经播出便受到了人们的大力追捧，而这位男主角也因此成为明星，他就是电影《洛奇》的男主角扮演者西尔维斯特·史泰龙。

大抵每个人成功前，都要经历无数次的失败，在通往成功的道路上，我们总会遇到各种各样的困难，有的人成功了，有的人失败了，其中有很大一部分区别就在于：两者是否朝着自己的目标坚定地走下去。失败和成功可能只有一步之遥，也许再坚持一下，我们就会看到胜利的曙光。而能让我们坚持下去的动力又是什么？大概就是兴趣吧。因为对一件事有了兴趣，所以我们才乐此不疲地为之付出，不管遇到多大的困难，都不肯放弃，因为我们喜欢，所以即便是遇到了困难，那也不过是成功前的调味剂，这反倒会激起我们更大的信心：一定要做成功。当我们抱着必胜决心的时候，成功就离我们不远了，品尝过胜利的果实的人，他们知道成功带来的巨大喜悦和强烈的满足感，是任何东西都无法比拟的。而我们一旦记住了这种味道，再遇到困难的时候，依旧可以战胜它。

古希腊著名哲学家苏格拉底曾经给自己的学生布置过一道特殊的作业。作业的要求很简单，就是每天把自己的手臂用力向后甩动，每天做一百次。刚听到这个作业的时候，很多学生不以为意：就这么简单吗？苏格拉底却并未对此多做解释，每天还是照常上课，中间绝口不提这件事。直到一个星期后，苏格拉底问："有谁每天都坚持甩手了？"结果有百分之九十的人都骄傲地举起了手，剩下百分之十的人则有些不好意思。很快一个月又过去了，苏格拉底又问了学生同样的问题，这个时候坚持做的只剩下一半的人了，有越来越多

自制力
如何掌控自己的情绪和命运

的人低下了头。到了一年之后，苏格拉底再问起这个问题的时候，只有一个人举手了，这个人就是苏格拉底的得意门生，西方最伟大的哲学家、思想家之一，柏拉图。

简单的事，人人都能做到，可是如果把它坚持一个月、一年，甚至是十几年呢？恐怕能做到的人很少。许多人给自己定下了一些目标，真正能做到的，却没有几个，其中的原因可能是因为中途诱惑太多、目标过远、等待太煎熬等等，但这些困难都是可以克服的。有一个很好的办法就是持之以恒地坚持下去，坚持是一个长期的过程，它所带来的效果，我们一时半会儿看不到，但是不要小看它，能坚持每天都做一件事的人绝不是普通人。当我们坚持下去，就会在某个时刻忽然发现它所带给我们的东西。尤其是当我们面对困难想放弃的时候，再坚持一下，就会看到希望。

王羲之在很小的时候，就表现出了对书法的喜爱，他的父亲知道这件事后，便开始向儿子讲述有关写字的知识。王羲之自小便坚持练字，他的老师是当时的女书法家卫夫人。没过多长时间王羲之的书法便有了很大的提高，就连老师都忍不住夸他，说他是青出于蓝，将来的书法一定很厉害。王羲之为了练好字，据说用坏了不少的笔，这些笔都能堆成一座小山了。甚至他家旁边的小水池由于时常被他拿来洗砚台，水池里的水车都变成黑色的了，这就是后来人们所说的"墨池"。即便当时王羲之的字已经写得很好了，但在他长大后也依然没有放弃练字。有一次由于练字太专心，连丫鬟催促吃饭他都没有听到。丫鬟只得请了夫人过来，谁知夫人带着丫鬟过来的时候，却看到王羲之一嘴的墨，原来他在吃饭的时候，根本没有看，眼睛都放在了书法上，顺手拿起了馍馍往砚台里蘸，他竟然把

Part 3
目的感：你的自我管理方式透露出你的层次

墨汁当成了蒜泥，看到这一幅景象的人都忍不住笑了起来。而他之所以这么勤奋地练习，就是因为他想写出自己的字体——和前人不同的字体，最后他也确实创作出来了。

"入木三分"说的就是王羲之的字，而他之所以有这样的功力，绝不是短时间里能练出来的，正是因为他坚持练字，长年累月地积累，才有了这样的成就。人们常说："冰冻三尺非一日之寒。"不去下功夫，是不会有所作为的。如果不能坚持下去，也看不到铁杵磨成针。

【智慧屋】

坚持就有希望

当我们靠近自己的目标时，可能会发现越是靠近，却好像离得越远，但其实不是这样的，在我们觉得自己做不到的时候，想想自己当初的选择，我们的选择就是我们的所爱，为了我们的所爱，我们一定可以成功，所以不要放弃，再坚持一下就会看到希望，就会成功。

不达目的誓不罢休

坚持说到底就是不达目的誓不罢休。今天的任务没有完成就不能睡觉，今天没有运动就不能娱乐，哪怕只是这样的小事，只要能坚持下去，不用太长时间，你就会发现，自己的失眠好了，而且还拥有了一个健康的身体。如果抱着这样的心态去做事，就不会再有什么困难了。

自制力
如何掌控自己的情绪和命运

没有方向，注定了你过漆黑的人生

心理学家马斯洛关于人的需求层次理论将人的需要分为两大部分，一部分是缺失性需要，另一种则为成长性需要。由于我们现在生活水平的提高，所以人的生理需要、安全需要以及爱和归属感的需要得到了满足或部分满足，也即我们的缺失性需要或者说是低级需要得到了满足。根据需要层次理论来看，当低层次需要得到了部分满足之后，人往往就会需求高层次的需要，这类需要一般包括尊重的需要和自我实现的需要。人对于自己能力的提高、理想和抱负等的实现，其实就是取得了自我实现。人有需要才会为了需要去行动、去完成自己的目标。当人达到了自我实现的需要后，就会获得极大的满足感，这是精神上的满足，这种满足带给人的快乐印象更深、作用也更持久。

斯皮尔伯格从小就对拍电影很感兴趣，在同龄的孩子热衷于玩游戏的时候，他却对电影和拍摄情有独钟。12岁的时候，他就用家中的摄影机拍摄一家人的生活，熟练以后他不再局限于拍人，生活中的一切事物都可以成为他的拍摄对象。再然后他自己开始想拍小短片，俨然成为一名小导演。这位小导演的家人对他也十分支持，他的爸爸妈妈和妹妹都是他最忠实的演员，只要他有需要，他们都很乐意帮忙。甚至有一次，为了能拍出理想中的照片，他的妈妈用

Part 3
目的感：你的自我管理方式透露出你的层次

压力锅闷了30罐樱桃，让它们在厨房炸开，斯皮尔伯格看准时机拍摄了很多张，精挑细选出了几张拿去参加比赛了，就是这几张作品，让他获了奖。13岁的时候他就拍出了长达四十分钟的小电影。之后不断地拍摄短片，获得了3次奥斯卡奖，成为高电影票房的导演之一，其中《辛德勒名单》和《侏罗纪公园》等都是非常著名的电影。

斯蒂芬·斯皮尔伯格从小就对电影表现出极大的热爱，他小时候是小导演，长大了是大导演，这个目标始终在他心中，未曾改变过。在实现目标的过程中，他也一定曾遇到各种困难，但是幸运的是他有对他无条件支持的家人。这就相当于获得了爱和尊重的需要，有了这样的支持，再加上自己的恒心，没有什么事是做不到的，就像人们常说的："有志者，事竟成。"没有任何成功是轻而易举可以得到的，一个有目标的人，为了能达到它会付出很大的努力，即便是遭遇再多挫折，只要能坚持下去，就一定能取得最后的胜利。这就好比人被困在沙漠中一样，他们心中只有一个目标，那就是走出去，即便中途会无数次地感到失望，可还是一次又一次地告诉自己，不能放弃，因为放弃就是死路一条，所以只能咬着牙走下去，坚信自己能走出去的人，最后真的能走出去。所以并不是人有了目标就可以什么都不做了，如果没有持之以恒、坚持下去的决心，有了目标也等于零。

我国有一位著名的数学家名叫陈景润，小时候的他是个内向的孩子，但是他十分喜欢数学，高中时期老师曾提到过"哥德巴赫猜想"，当时有这么一句话：自然科学的皇后是数学，数学的皇冠是数论，而哥德巴赫猜想则是皇冠上的明珠，正是这句话给了陈景润启

自制力
如何掌控自己的情绪和命运

发，他把这个当成了自己的奋斗目标，告诉自己一定要在数学上有所成就。"哥德巴赫猜想"在数学界非常著名，这是一道难度很大的数学问题，虽然这个问题吸引了不少人，但是真正敢挑战的人却非常少。陈景润为了自己的目标，始终艰苦奋斗着，为了能攻克这一难题，单草稿纸就消耗了6麻袋之多，虽然他在一个六平方米的屋子里，靠着煤油灯，也没能阻止他要达到目的的心。皇天不负苦心人，陈景润用自己顽强的毅力和对目标的不懈追求，终于攻克了这一困扰了数学家们二百多年的难题，他的理论引起了极大的反响，并被人们称为"陈氏定理"。

其实陈景润小时候的生活条件并不好，可这一切都不能成为他的阻碍，在他了解到"哥德巴赫猜想"的时候，便立志要在数学领域有所建树，而这也成了后来他一生为之努力的奋斗目标，最后他也确实做到了。如果换成别人可能早就放弃了，没有良好的条件支撑，还要面对枯燥无味的演算，这一切都能成为他放弃的理由，可是陈景润没有，他只知道要实现自己的目标，于是他从来不曾停下脚步，也不曾放弃。一个人心中有着目标，真的可以浑身充满着力量，就会不知疲倦地努力，直至达到目标，他自我实现的需要得到了满足，但这并不意味着他会停下脚步，因为在他实现了这个目标的时候，他又有了新的、更大的目标，然后像之前那样开始新的循环。

我们说人有了目标也就有了奋斗的方向，但这是一方面，我们有了目标还要有热情、有动力、有积极性，才会行动起来。我们会为了实现目标而制订一系列的计划，完成计划就会慢慢朝着自己的目标靠近，当做某一件事有积极性的时候，效率往往就会变高，而效率的提高又反过来给人带来成就感，进而激励人们更好地行动。

Part 3
目的感：你的自我管理方式透露出你的层次

小到个人的发展，大到国家的前途命运，如果没有一个积极的、恰当的目标，其最终结果都是失败的，即便是中间可能有过成功，但它也会像昙花一样，很快就消失不见了。人生因成功而充实、有意义，成功因目标而实现，所以我们应该从小给自己定下目标，如果有长远的目标，可以把它做精细的划分，具体到每一周，甚至每一天要做的事情上；如果有短暂的目标，那就在实现了这个目标后确定更高的目标，不断地完善自我。周恩来的"为中华之崛起而读书"成为我们脑中久久回荡的震撼之音，少年时的他能说出这样的话，就可以了解到这绝不是一位普通的人，而他也始终践行着这个目标，他的光辉形象将永远留在人们心中。这就是伟人的力量，这就是目标的巨大影响。我们中的大部分人，基本上不会成为什么名人、伟人，但是我们同样是不普通的，因为我们可以在自己的岗位上做出不平凡的事，认真做好每一件事、完成每一个目标的人就是伟大的人，都值得被人记住。所以我们也可以为了自己的目标而努力奋斗，把这件事当成一生的事，当成黑暗中的明灯，它就会指引我们走向平坦大道，它让我们即便是遇到了困难也不会害怕。

【智慧屋】

持之以恒的心态

滴水穿石就是因为水滴的坚持不懈、持之以恒，虽然这个过程是漫长的，但是最终的结果是成功的，这就足够了。小小的水滴还能穿破坚硬的石头，我们还有什么目标能做不到？况且只要我们坚持下去，不需要花费很长的时间，我们就完全可以实现它，遇到挫折不害怕，用积极的态度去面对，想办法解决，就一定能赢得最后的胜利，看到雨后的彩虹。

PART 4

意志力的极限：
打败欲望，才能与世界握手言和

有一位历史学家说过这样一句名言："即使是智者，也难摒弃追求功名这个事情。"可见不只是我们普通人，即便是名人也追求功名，但是同样是追求功名，有的人收获了名利而且被人铭记，而有的人却留下骂名，其中的差别就是人能否控制自己的欲望。

Part 4
意志力的极限：打败欲望，才能与世界握手言和

你的清心寡欲也是"欲"

我们必须承认：所有的人都有欲望。即便是那些心中有着佛、道的人，他们也只能被称作"清心寡欲"，欲望虽然少，但也是有的。有的人能控制自己的欲望，不让自己做不该做的事；而有的人却控制不住自己。有欲望并不算是坏事，关键在于人能不能正确地对待自己的欲望。我们有了欲望想得到某样东西，那就必须为之付出努力，所以有欲望的人，可以促使自己成功。假如一个人没有欲望，那他就连生存的动力都没有了，这就等于直面死亡了。我们有欲望是正常的，但无休止的欲望则是不正常的。

在生活中，我们经常看到这样的现象：大人领着小孩子在超市采购东西，小孩子到了零食区域就赖着不走，非要家长给他买，家长如果拒绝的话，孩子就不依不饶、大哭大闹，会引来许多人驻足观看，大人觉得没面子，往往就会同意孩子的要求。得到了心爱东西的小孩子，脸上洋溢着满足的笑容。可是没过多久，这个小孩在超市又会要求大人给他买更贵的玩具，这个时候，零食已经不再能引起他们的兴趣了，于是他们有了新的目标。在小孩子们还处于懵懵懂懂状态的时候，就有自己想要的东西，得到了一个东西后又会想要新的东西，这就是欲望一直在变大。这一点大人们很容易看明白，但是事情到了自己身上就没那么容易了。大人们追求的不是零食、玩具这些东西，因为这些东西不会给我们带来巨大的满足感。

自制力
如何掌控自己的情绪和命运

我们心中渴望的是成功，是财富，是名利，得到了一些，我们就会想要得更多。最初我们成功了，就会感受到极大的喜悦和兴奋，后来单单是成功就已经不能满足我们了；于是我们希望自己可以被别人所认识、被别人所崇拜，我们想要成为人人羡慕的富翁，过着衣食无忧的生活。为了能得到自己想要的东西，我们甚至愿意付出一切，尤其是曾经拥有过的东西，在失去后会让人心里产生极大的落差，为了重新找回那种感觉，我们什么都愿意去做。欲望本身是没有好坏之分的，而且它是受人们支配的，可这个时候，一个人的心里就只剩下了欲望，他看不到自己已然变成了欲望的奴隶，这样的人是可悲的。纵观古今，有多少人因为自己无限增长的欲望，断送了自己的前程、亲人，甚至是自己的生命。身上背负着重重的欲望，自以为可以得到一切，可实际上不过是一场美梦，可梦再美，终究是要醒来的，到那时候，就会发现自己原来已经一无所有了。

说白了，欲望其实就是告诉人们"去做什么事"。而人的理智告诉人们"能做什么事"。当一个人的欲望战胜了理智，它就很有可能把人带入万劫不复之地；当一个人的欲望被理智打败时，它就很有可能变成一盏指引方向的明灯，带着人们朝着自己的目标前进。如果我们面临选择觉得矛盾的话，这个时候其实就是欲望和理智在交锋。一个有自制力的人，会控制自己的欲望。对于欲望，他们不是一味地追逐，而是用自己清醒的大脑，确定自己最想要的东西，他们心里始终清楚：欲望不过是成功路上的帮手，能让自己更快地成功，但却始终不能被欲望所吞噬。而那些没有自制力或者自制力薄弱的人，不管是金钱还是权利对他的诱惑，他都没有办法抵抗，所以自己一步步走上了一条不归路。欲望可以让人在绝境中顽强地活下去，也可以让人把自己推到悬崖边上。

Part 4

意志力的极限：打败欲望，才能与世界握手言和

鲁滨逊在一次航海过程中，不幸遭遇海上风暴，船只被海水淹没，幸运的是他并没有死，而是被大海冲到了一个荒岛上。在荒岛上的生活中，鲁滨逊学会了种植农作物，还在资源极度匮乏的情况下，制作出了陶器、面包还有家具等东西，他甚至还用自己的双手建起了一座房子。造了一个篱笆喂养野生动物。原本荒凉的岛上，竟然也慢慢地有了一些生机。中间机缘巧合还救了一个野人，给他取名"星期五"。不知不觉两个人竟然在岛上生活了快三十年，后来有一艘船经过，他才重新回到了自己的国家。

难以想象，一个人在荒无人烟的小岛上，是怎样生存下去的。假如鲁滨逊没有活下去的欲望，他也许早就被海水淹死了，或者在他发现自己漂流到一个荒岛的时候，他就结束了自己的生命。因为有活下去的欲望，所以才想方设法弄吃的；为了有遮风挡雨的地方，所以建了一座房子；因为始终想要回到家乡，所以才在岛上生活了那么多年。诚然鲁滨逊自身也有着强大的毅力，但是如果一个人没了生存的欲望，那他的毅力再强恐怕也无法在那种环境下生活那么多年。正是有了对生的欲望，才让自己在逆境中活了下来。欲望就是这样，在关键的时候，能救人一命。

有多少人，因为控制不住自己日益膨胀的欲望，想要的越来越多，但又得不到，最后居然走上了犯罪道路。看到好吃的就忍不住想吃的人，体重就会一直上升，原本一个健康的、好看的人，却变成了一个多病的胖子；沾上了毒品的人，就会控制不住自己，一直想要吸毒，明知道吸了毒之后就会越来越离不开，但就是控制不住自己，把自己活活变成了一个瘾君子。能控制住自己欲望的人都是有着强大自制力的人，他们知道什么事情能做、什么事情不能做，他们只是遵循着自己的本心，就能不断地战胜困难，取得成功；而

自制力
如何掌控自己的情绪和命运

那些没有自制力的人，一旦欲望得不到满足就会变得十分暴躁，只有满足了他们一次又一次的狮子大开口，他们才能得到更大的快乐，可这种快乐并不是真的快乐，只是他们一时发现不了，等他们发现并后悔的时候，却已经为时已晚了。

【智慧屋】

欲望使人变强

面临绝境的时候，人会有强大的求生欲，也正是这种求生欲，才让自己努力活下去，而最后也真的活下去了，所以欲望对人的作用是非常大的。它能在千钧一发的时刻，救人一命，激发出自己都不曾意识到的强大力量。

不被欲望掌控

欲望是人生中一种必不可少的需求，人的欲望也是多种多样、经常改变的，但是不管是哪种欲望，对人而言，它都是人的一种本性，是人想要得到某样东西或者达到某个目的，所以它没有好坏。至于是被欲望掌控还是控制欲望，都取决于我们自身，当我们能做欲望的主人时，我们就有排除万难的心；而当我们成为欲望的奴隶时，我们就丧失了自我，还会让自己陷入万劫不复之地，因此我们应该做一个有着强大自制力的人，才不会被欲望掌控。

不能"制欲",迟早会掉进"无底洞"

人人都有欲望,不管是看得见的欲望还是看不见的欲望,一个人都不可能脱离欲望而存在,一个有欲望的人才是一个正常的人,否则就和行尸走肉无异了。但是一个人的欲望如果无限膨胀,那么最终势必会自食恶果。人们常说:"善有善报,恶有恶报,不是不报,时候未到。"所以万万不可抱着侥幸的心理,觉得自己没有为此付出代价,就是自己的幸运。有因就有果,有了什么付出就自然会有什么回报,结果只不过是时间问题罢了。

有一位渔夫和妻子在海边生活了三十多年,像所有普通人一样,渔夫每天打鱼,渔妇纺纱,两个人一直生活得十分清贫。有一次渔夫打鱼的时候,捕到了一条金鱼,这不是条普通的金鱼,而是一条会说话的金鱼。金鱼央求渔夫放了它,它愿意付出任何代价。好心的渔夫不要报酬,将金鱼放回了大海。回到家后和老婆说起了这件事,却被骂了一顿,渔妇要他问金鱼要一个木盆,渔夫去找金鱼,它同意了。后来渔妇又要一所房子、要做女皇,最后还要做海上的女霸王,要金鱼伺候她,金鱼一次次地同意了他们的要求,但是最后金鱼收回了它曾给他们的所有东西,他们又变回了原来一无所有的状态。

自制力
如何掌控自己的情绪和命运

渔夫和金鱼的故事，是我们小时候就听过的，原本渔妇只是想要一个新木盆，后来想要房子，想要当女皇，人的胃口越来越大，有了这个东西，还想要那个，对自己所拥有的东西从来不在意、不知足，看着这山望着那山，到最后失去了一切，这就是对贪心的人最大的惩罚。如果能珍惜自己当下所拥有的，那么人就会觉得知足、觉得快乐，是一种非常轻松、愉快的感觉。再善良的人，也有自己的底线，如果有人不停地索取，那么他们最后必将自食恶果。

农民们辛苦种植的大米，老是被一群猴子偷吃，他们想出了很多办法捉猴子，但都没有成功，因为猴子的动作太快了，根本抓不到。后来有人提了一个办法，农民们成功地捉到了猴子。这办法其实很简单，就是把一只玻璃瓶中放入一些大米，然后把玻璃瓶固定在树上，等到没人的时候，猴子看到了大米就伸手去抓，但是由于瓶口只够它的爪子进去，手里握着大米，爪子就出不来。而且瓶子又被固定在树上，也拿不走，任凭猴子怎么努力就是没办法把抓着大米的手从瓶子中拿出来。其实只要它松开手中的大米，就能把手拿出来，可它就是不愿意，所以就这样被人抓住了，直到被人抓住，它也没有舍得松开自己的手。

道理很简单，猴子可能知道，毕竟它那么聪明，但它就是不愿意放手，或许我们会笑话它们。可实际上，有多少人像猴子一样犯同样显而易见的错误，明知道放手就好，但面对眼前的利益，被自己的眼睛蒙蔽，听不到心里的声音，明知道是陷阱，还是控制不了自己的欲望。面对诱惑的时候，人容易变得不理性、不理智，做出的事情往往由着性子来。这和赌场里热衷于赌博的人有相似之处，这些人原本是抱着玩一玩的想法去的，结果输了的想翻本，赢了的

Part 4
意志力的极限：打败欲望，才能与世界握手言和

还想赢，到最后，不把自己弄得倾家荡产、一无所有，根本控制不住自己，到最后留下的只有悔恨。

让一个人的内心感到安宁、满足的绝不是外物，外界的东西，不过是锦上添花的一种手段，有的话更好，没有了也不会活不下去。人们常说："钱是万恶之源。"事实上人类无休止的欲望才是一切罪恶的根源。贫穷的时候觉得有了钱就没有烦恼了，其实不是的，有了钱之后还会有别的烦恼，有了钱之后你就会想要权力，有了权力你又想要名誉，人有贪欲就有烦恼，就永远无法安定。一个地球能满足几十亿人类的温饱，但是十个地球也满足不了一个人的贪欲，人的欲望就是一个无底洞。人的欲望是无穷的，烦恼也是无穷的，但是欲望绝不是不可控制的。这就需要我们不断提高自己的自制力，当一个人有了较高的自制力，就能抵抗这不断滋生的欲望，因为那个时候对我们来说，最重要的是心的幸福，只有内心得到了安宁，个人才会幸福。

【智慧屋】

人心不足蛇吞象

一个有自制力的人，能控制自己的欲望，知道什么事情可以做、什么事情不能做，只想满足自己欲望的人，迟早也会被自己的欲望害死。不要做试图吞掉大象的蛇，不要明知不可为而为之。

欲望应该是有度的

当一个人欲望越来越大，控制不住自己，那么他就会想出各种办法来达成自己的想法，这样势必会触犯一些东西，给自己留下抹不去的悔恨。有了适当的欲望可以让我们活得更好，无休止的欲望却不会让我们更开心。

> **自制力**
> 如何掌控自己的情绪和命运

想要的越多，越容易"撑死"自己

不知道大家有没有过这样的时刻：明明已经吃过饭了，但是看到自己爱吃的东西，还是会忍不住想吃，管不住自己的嘴，把手伸向好吃的。一次两次控制不住之后，胃就会慢慢变大，如果不运动，体重自然呈现直线上升状态。碰到爱吃的东西，几乎所有人都忍不住想去吃，不同的是有的人会克制自己，吃七八分饱就够了；而有的人却对自己无能为力，看到好吃的不吃到撑，就停不下来。人的欲望也是这样的，得到了这种东西，还想要那种东西，想要的越来越多，最后活活把自己给"撑死了"。

二战期间，到处都充斥着战争，在这样的背景下，一位美国男子坐上飞机，想去其他国家。但是由于天气原因，飞机在飞行途中遭到了严重的损坏，很多人因此遇难。幸运的是男子和飞机上的十二位女子活了下来，他们身上都带着或多或少的伤口，可至少人还活着。当他们再次醒来，这么多人都在海上漂着，于是他们奋力游向岸边，上了岸后发现他们所处的是一座荒凉的小岛。作为这十三个人中唯一的男人，这名男子自然肩负起了照顾大家的责任。他带领着这些女人找到合适的地方，所谓人多力量大，他们很快找到了海上散落的浮木和一些野生果子，搭起了一座房子，就暂时在这座

Part 4

意志力的极限：打败欲望，才能与世界握手言和

荒岛上安居了下来，希望有过往的船只能带他们回去。在解决了温饱问题后人想要的就会更多。男子喜欢上了一个女子，并向她示爱，两个人很快就在一起了。但是没多久，男子厌倦了这样的日子，他竟然生出了一种可怕的想法：希望岛上的女子都成为他一个人的。这十二名女子里大部分还都是没有结过婚的，于是他开始疯狂地实施自己的计划。他表示只要愿意跟着他的，他都会好好对待，有的人被迫屈服了。为了霸占所有的女子，男子竟然在岛上建起了一座牢笼，那些不肯就范的女子，被他关在里面。在面对困境的时候，人的求生欲望会非常强烈，于是被关押的女子们奋起反抗，她们一路逃跑。或许是老天眷顾，就在这些人快要被抓住的时候，恰好有一艘船经过救了她们，男子无奈也跟随船只回去了。在他们抵达之后，她们把男子告上了法庭，经过审理，最后被判了死刑。

原本是照顾人的人，到最后却被自己与日俱增的欲望所奴役，只为自己想要的，不顾他人意志，强行做出令人发指的行为。即便事情发生在战争期间，人的道德底线也是不能被挑战的，犯了错就会受到惩罚，所以男子这样的行为纯属自作自受。

有一位画家画画非常逼真，很多人都喜欢看他的画。但是画家却并不开心，因为他想画佛，想画魔鬼，这两样都画不出来，因为他的脑子里并没有他们的雏形。有一次，画家去庙里烧香，一位和尚引起了他的注意，他发现这位和尚身上有一种特殊的气质，而这种气质让他深深觉得：他就是佛。于是画家找到和尚，承诺只要和尚答应让自己给他作画，他愿意付出高额的报酬。和尚答应了画家的要求，画家也确实在事成之后给了他一大笔酬金。事实证明，画家的眼力十分惊人，因为他笔下的"佛"，但凡有人看到都会对这幅

自制力
如何掌控自己的情绪和命运

画赞不绝口,他们都认定画像上的和尚就是佛。因此画家被人冠以"画圣"的称号,他一时间风头大盛,这幅画也被画家看成自己最得意的作品。佛已经有了,那么接下来就要考虑画魔鬼了,这又让画家犯了愁。为了画好这幅作品,画家走访了许多地方,试图找到一个长相凶恶的、符合魔鬼形象的人,但是他找到的人都不能令他满意。最后他去监狱里寻找,还真的让他找到了一个人,他觉得这个人就是魔鬼。那个犯人是画家认识的人,因为他质问画家,为什么画佛找他,画魔鬼还要找他。画家面对这样的质问大吃一惊,他急忙否认,还说自己之前画的那个人谁看了都觉得他身上气质卓绝,可是眼前这个人,身上没有一丁点那样的气质,怎么可能会是同一个人。实际上这个犯人还真的是原来那个和尚。原来和尚得到了那一大笔钱之后,就像变了一个人一样,他不肯在寺庙里继续修行了,于是还了俗,拿着钱每天只知道花天酒地,很快这笔财富就被他挥霍完了。一个曾经过着奢靡生活的人,又怎么甘心再过平凡人的日子。于是为了继续满足自己的欲望,只要是能挣钱的事,他都去干,而且干的还是来钱最快的那种事情,开始是骗别人的钱财,之后开始明抢,最后还杀了人。画家了解了事情的前因后果后,一时心头百感交集,从那以后他再也没有作过画了。

和尚之所以会有这样的悲剧,虽说和画家有一定的关系,但是归根结底还是因为自己。一个人没有钱的时候,日子或许过得清贫,他想要的可能也只不过是解决三餐的温饱问题。而当一个人非常有钱的时候,他就没办法忍受失去钱的日子,因为他再也没有资本供自己挥霍了,所以为了依旧过上从前的日子,他很有可能一步步走上错误的道路。这就是人们所说的:"由俭入奢易,由奢入俭难。"一个人控制不了外在的条件,这可以理解,但是自己的心是可以控制的，日益膨胀的欲望，很有可能会把一个善良的人变成一个麻木不仁的人，因为他们在各种诱惑面前屈服了，他们看不清自己的心，性格一天天变得扭曲，最终也自食恶果，令人惋惜。

有时候一念之差就可以让两个原本志同道合的人，从此走上完全相反的道路。能让人产生欲望的东西有很多，比如金钱、权力、赌博、游戏，等等。有一些人会在这种种的诱惑下，控制不住自己，做出一些头脑发热、害人害己的事。而一个有自制力的人，始终都很清楚自己想要的是什么，对于欲望他们不需要刻意控制，因为对他们来说，有的东西再多对自己也是没有用的，所以他们并不在乎，他们想要的，都可以通过自己的努力得到，那让他们更有成就感。而没有自制力的人，看到什么就想要什么，人们羡慕别人的，也往往是自己得不到的东西，他们嫉妒、他们渴望，所以为了得到那些东西，他们愿意付出一切，甚至是赔上自己的性命。

【智慧屋】

不停吃下去会撑死

不管是对我们身体有好处还是有坏处的东西，其实吃得多了都不好。坏的东西不用吃多自然就会对身体不好，而好的东西吃多了，人的身体也会吸收不了，久而久之堆积在体内就有副作用了。人的欲望也是如此，太多的欲望不但会给人的身体造成伤害，而且还会侵蚀人的心灵，就像是给心上加了一把重重的枷锁，这样的人永远也无法活得轻松快乐。

守住内心，才不会一叶障目

随着生活水平的提高，人们在工作之余还可以选择各种各样的娱乐活动，放松自己的心情，让自己快乐。在最初的社会里，我们的祖先每日要的不过是能平安地活下来。后来人们自己制造工具，于是有了房子、有了生活用品、吃熟食，不再过以前那种茹毛饮血的日子了。再后来想衣食无忧，正所谓"饱暖思淫欲"，生理需求得到了满足，想索取的就越来越多。可是当人们拥有的东西很多的时候，却越来越难以感受到幸福、感觉到满足。幸福也可以解释为欲望的满足，那么既然欲望已经满足，为什么人们还是得不到快乐？答案其实很简单，正是因为想要的东西太多，所以才会让我们迷了眼睛，就像一层薄纱一样，把快乐和幸福隔绝在了外面。

诚然，这世界上有很多令人愉悦的东西，每个人都想要，但不是所有的人都能拥有。我们之所以羡慕别人，是因为我们看不到自己手中拥有的，一味地羡慕别人，会让我们越来越不满意自己现状，进而会产生"想要"的想法，而通过努力得到实在是太慢，有的人等待不了这个过程、忍受不了这份痛苦，于是就找了"抄小路""走捷径"的方法。这样做的人，他们也确实很快得到了自己想要的，但是得到得越快，失去得往往也会越快。面对同一个难题，不同的人做出了不同的选择，于是他们的人生就此出现了不同的情况。有的人喜欢金钱，那让他们满足，仿佛拥有了金钱就拥有了一切。

可是一个人幸福与否，和金钱并没有直接的关系，穷人有穷人的活法，而富人有富人的过法，所以没有必要去羡慕别人，只有一个人的内心足够强大，那身外物对他就没有什么影响。李白曾说过："千金散尽还复来"，既然是这样那又有什么好怕的。

【智慧屋】

不可为不为

有一句话叫"明知不可为而为之"，如果是做一件有意义的事情，那么这就是一种值得鼓励和学习的精神，而不是明知道一件事是错的，还要一意孤行地去做。一个有自制力的人，知道什么时候该做什么事情，他们不会"明知山有虎，偏向虎山行"，这就相当于把自己送到老虎的嘴边，其结果可想而知。

种下什么因，得到什么果

一个人有欲望不可怕，可怕的是不知道该怎么样面对它，因为一念之差就可能会断送了自己的一生。如果不能控制自己不合适的欲望，那么它就会带人走上一条不归路。先是在人的心中种下一颗邪恶的种子，然后人就会想方设法地去达到这个目的，他们或许成功了，也因此得到了一时的快感，或许失败了，不管是哪种结果，他们最后都将为自己的所作所为付出代价。

自制力
如何掌控自己的情绪和命运

不必总把焦点放在别人身上，你才是宝藏！

埃及作家优素福·西巴伊曾说过：欲望是人遭受磨难的根源。诚然，欲望可以使人得到欢乐和幸福，但这快乐幸福的背后却是苦难，乐极是要生悲的。欲望原本是个中性词，当它被不同的人使用的时候，就产生了不同的含义，有的人把这个词"发扬光大"，让它成为褒义词；而有的人却让它"为人唾弃"，成为贬义词。面对同一个瓶子，有的人放了糖，有的人却放了毒，其实人的欲望也是这样，你怎么对待它，它就会怎么对待你。

人们最擅长的是在别人身上找自己想要的东西，于是他们总是看到自己所没有的，羡慕别人拥有的，殊不知幸福和快乐其实就在自己的心中，这是最容易被发现的地方，却也是最容易被忽略的地方。对于每个人而言，这定义虽然有所不同，但是一个时常感到满足的人，一定是一个幸福的人，正是因为我们心中的欲望太多，所以才会看不到它们。当一个人的心灵被太多东西所占有的时候，那他感受不到幸福，所以我们应该放弃不合理的欲望，放弃那些不能使我们得到幸福的东西，静下心来仔细想一想：什么才是自己真正需要的，这样就不会被欲望所掌控了。

有一对卖豆腐的夫妇，他们的豆腐都是自己亲手磨的，再加上夫妻俩为人和善，很多人都喜欢到他们家买豆腐。一个富翁因为有

Part 4
意志力的极限：打败欲望，才能与世界握手言和

事情要办，所以有段时间每天都会从豆腐店路过，他注意到每次他从店门口路过的时候，夫妻二人都在愉快地哼着歌，他仿佛也感受到了他们二人的安逸和幸福。有一次富人从豆腐店路过的时候，他没有像以前一样直接走过去，而是驻足停下，走到了店里面，他看到夫妻二人各干各的工作，他们嘴里哼着歌，场面十分温馨。富人感觉这对夫妻这样的生活很辛苦，于是心生怜悯，就拿出了一笔钱，然后和他们说："看你们每天都这么辛苦地工作，却只能用唱歌来缓解疲劳，我这里有一笔钱，你们拿去吧，它能让你们过上衣食无忧的生活，你们再也不用这么辛苦了。"晚上的时候，富人想起这件事还觉得夫妻二人一定会很开心，说不定明天路过的时候，他们唱歌的声音会更大。可事实是，早上富人经过豆腐店，却没有听到歌声。于是他猜测，这夫妻二人估计是因为昨天有了一笔钱，所以可能睡得晚了，这会儿大概还在睡懒觉。谁知过了两三天，豆腐店里依旧没有传出歌声，富人十分纳闷。正当他想进去一探究竟的时候，男主人刚好出门，看到他之后连忙说道："终于见到您了，我正准备找您把钱还给您。"富人觉得十分不可思议，怎么还会有人不想要钱呢。男主人解释道："您不知道，原本我们没有这笔钱的时候，虽然日子过得没有特别舒服，但是我们每天心里都很踏实，因为做豆腐让我们很快乐。虽然有了这笔钱我们不用再做豆腐了，可是我们的快乐也没有了，我们两个人也没有经商的头脑，所以拿着这笔钱也没什么用，再者这么多钱放在家里我们也会寝食难安的。思考再三，我们还是更喜欢做豆腐，所以这笔钱还是还给您比较好。"说完男主人就把钱还给了富人，男主人终于露出了如释重负的笑容，对于这样的想法富人是无法理解的，不过他把钱收回了。而当富人再一次经过豆腐店时，他又听到了那久违的歌声。

自制力
如何掌控自己的情绪和命运

世上的人大多喜欢追求财富，可是这对夫妻却并不是那么在意。对他们来说，钱是生活的必需品，但是最能让他们感到快乐的是做自己喜欢的事情。一个人拥有了财富可能会拥有快乐，但这快乐都是极其短暂的，这种感觉很快就会消失。能让人真正感觉到快乐的，就是做自己喜欢的事情，因为它不仅能带给人极大的满足感，而且还会让我们更加踏实地生活，所以这种快乐更像是一种细水长流的感受。如果工作能带给你快乐，那么你就会努力地工作，这时对你来说最重要的就是工作了，而财富不过是工作出色的一个奖励、一个附带品。让人感到快乐的，从来不是拥有多少财富，而是自己的内心是否得到了满足。

有经验的农民都知道一个常识：不管是种植西瓜还是番茄，如果一个枝蔓上面的果实太多，就必须把那些长的不好的及时修剪掉，要是不这样做的话，那这么多的果实就都无法卖出一个好价钱了，因为它们都会长残。毕竟水分和营养都是有限的，满足不了所有果实的生长。人的欲望也好比是一根藤蔓上的一个个小果子，我们不能让每一个都顺利成长，所以只能选择一部分，选择的是我们需要的，剪掉的是对我们没有用的。

【智慧屋】

倾听内心的声音

人在面对两杯不同颜色的液体时，有的人会选择那个颜色更漂亮的，而有的人会选择无色的，可实际上，只有当我们尝过这两杯液体的味道之后，才会知道哪一杯是甜的。颜色漂亮的是黄连水、丝瓜水，就像披着美丽外衣的欲望一样，有的人会被它们的外表欺骗；而无色的可能是一杯糖水或是白开水，

Part 4
意志力的极限：打败欲望，才能与世界握手言和

它才是我们真正需要的。所以当我们被各种东西包围的时候，要遵从自己内心的声音做出选择，而不是被表象所迷惑，做出让自己痛苦的事。

修剪"坏"果实

一个人生命有限、能力有限，不可能满足自己所有的欲望，所以应当把那些对我们没有用的欲望修剪掉，就像是修剪掉"坏"果实一样，留下来有意义的、有价值的欲望，这样才能保证将来的我们能品尝到"甜美的果实"。

自制力
如何掌控自己的情绪和命运

欲望再强，也要在心里设置一个底线

人的贪欲是无休止的，虽说欲望这个东西始终是如影随形的，我们这辈子都无法摆脱，但是我们却可以借助一定的方法，让自己不再被欲望所束缚，这样就能活出自我、活得快乐。

唐朝有一位名叫宋之问的诗人，他才华横溢，在人们心中有着很高的名气。这位诗人有一个叫刘希夷的外甥，他也是个诗人，而且年纪还小，假以时日必然会青出于蓝而胜于蓝。某次刘希夷写了一首名为《代悲白头翁》的诗，他把这首诗拿去给自己舅舅看，想让他帮忙看看这首诗有没有写得不好的地方，以便及时更改。宋之问读过这首诗后，表示他写得非常好，尤其是其中"年年岁岁花相似，岁岁年年人不同"这一句更是让他赞不绝口。宋之问高兴之余问起自己的外甥，这首诗还让谁看过了，外甥表示自己刚写完就拿过来给舅舅看了。宋之问越看这首诗越喜欢，于是他问刘希夷能不能把那一句诗让给自己。刘希夷不肯，因为这是全诗的精华，画龙点睛就靠它了，把这句给舅舅这首诗就平平无奇了。晚上宋之问在床上却是无论如何也睡不着了，他一想到这首诗一经面世，必然会因为那一句而流传百世，而写诗的人也一定会名声大噪。思考再三，宋之问还是放不下这首诗，于是为了不让别人知道这首诗是外甥所做，竟然派人杀死了刘希夷。最后东窗事发，皇帝下令把他流放了。

Part 4
意志力的极限：打败欲望，才能与世界握手言和

宋之问原本就已经是名人了，但是他被利欲熏心，想要得到名利的欲望战胜了自己的理智，杀害了自己的外甥，最后也让自己的诗人生涯画上了一个句号，而且还给自己留下了遗臭万年的骂名，可谓是得不偿失。对名利的追求，原本是无可厚非的，但是如果为了追求名利，而把别人的前途、性命当成自己实现目标路上的垫脚石，这显然是不可取的。而且人这一辈子就那么长，如果始终追求自己没有的东西，那么就永远无法安定下来。俗话说："知足常乐"，只有对自己的现状满足的人，才不至于迷失在欲望的旋涡之中。

诱惑往往就是欲望膨胀后的变形，一个人的欲望很大的时候，他就会发现自己面临着各种诱惑，这些诱惑就像是一朵朵有毒的花朵，虽然看着美丽但是当人把它摘下的那一刻，它就会化身成一味致命毒药，扎在人的心上，最终让人无药可救，毒发身亡。所以如果一个人的欲望能少一些的话，那他就不会上了欲望的当，也就不会有那么多诱惑了。

人的欲望虽然没有那么容易控制，但是我们可以给自己的欲望设置一个值，一旦我们的欲望超出了这个界限，我们就知道自己做错了，这样也能让我们及时地发现错误、改正错误，就可以避免造成更大的悲剧。不管是对升职加薪的渴望，是对成功的追求或是对爱情的执着，这些都需要我们的欲望来实现，实现了这些目标，个人就会有很大的提高，也能不断地完善自我。但是实现这些目标的前提是：我们不要越过底线。这就是说我们生活在社会上，不能做违背道德、触犯法律的事情，我们的人和心始终都受着它们的制约，所以不可以不择手段，否则就超过了那个临界值，这样做的后果就是断送了自己的前程。

自制力
如何掌控自己的情绪和命运

一个有自制力的人，他的内心世界一定是丰富多彩的，所以他心中自有天地。他会保持积极乐观的心态，即便是面对困难，也不轻易放弃，更不会做损人利己的事，他遵循自己的本心，脚踏实地地做事，这样的人即便没有大的成就，也必然是一个幸福的人，因为他知道什么对他来说是最重要的东西。他会分清哪种欲望是促进自己成长的，然后为之努力奋斗；对不好的欲望，及时将它们扼杀在摇篮中。我们也应成为一个有自制力的人，这样在面对欲望的时候，才能清楚地分辨自己是要实现它还是抛弃它。

总之，面对欲望的时候，我们有无数的方法去对待它，欲望是本能，是一个人成长所必需的，但是过度的欲望却会给人造成难以想象的灾难，不但给自己的心灵套上重重的枷锁，而且从此之后都会被它所束缚，再也不会有轻松、愉快的时候。欲望不是洪水猛兽，而是把锋利的剑，我们可以用它斩断路上的荆棘，也可以用它结束自己的人生，至于怎么取舍，全在个人的选择。只有正确对待欲望，内心才能充满阳光、充满力量。

【智慧屋】

不要超过限度

其实每个人心里都有一杆秤，知道欲望会不会压倒自己的本心，但是很多人不愿意正视它。人的欲望就像是向一个杯子里灌水一样，太多的欲望只会让水溢出来，所以人的欲望应该是有限度的，只要把它控制在这个范围内，就不用担心自己失了本心。

放下枷锁

每当多了一个欲望，人的心上就多了一道枷锁，久而久之，

Part 4
意志力的极限：打败欲望，才能与世界握手言和

> 心脏就会停止跳动，所以丢掉那些不必要的枷锁吧，这样才能让自己的心放轻松，轻装出行的人，才能走得更远。不肯放下枷锁的人，终究会越活越累，生活也越来越艰难，人不要有太多的欲望，就能活得轻松、活得幸福。

PART 5

搞定拖延：
放任自流的下场
就是自取灭亡

生活节奏的加快，并没有让人的行动变得迅速，反而有越来越多的人表现出一种症状：不到最后期限，绝不放手去做，这就是我们常说的拖延症。拖延症并不可怕，可怕的是我们以此为借口，放任自己随波逐流，错失原本能得到的成功。

Part 5
搞定拖延：放任自流的下场就是自取灭亡

你的缺陷不是事情做不好，而是根本不去做

看到凌乱的房间，但就是不想收拾，实在被逼得没办法了才开始动手。虽然有成堆的工作，但放假的时候，还是先出去玩，最后一两天把所有工作赶出来。每次都告诉自己，一定要把女神追到，但总是一拖再拖，最后女神成了别人家的女朋友。诸如此类的例子，生活中非常常见，这就是我们平时所说的拖延。《西游记》中唐僧师徒四人西行的路上遇到了无数的妖怪，我们知道几乎每次妖怪都会捉到唐僧，但是每次都没能吃掉唐僧。妖怪的手下们问什么时候吃唐僧肉的时候，妖怪都会说："先不着急，等把他的几个徒弟都抓住的时候再一起吃。"当然最后的结果就是被几个徒弟打败，举这个例子就是要说明："该出手时就出手，不要一拖再拖，否则到了嘴边的鸭子就会飞走的。"由此可见，拖延对一个人的影响是十分深刻的，甚至有的时候，它还会决定人的生死。一些情况下，拖延不仅会让人损失财富，还会让人错过原本唾手可得的东西；而一些时候它对我们也有积极的作用。

当一件事摆在人们面前，尤其是当人们知道距离完成这件事还有很长时间时，大部分人都会选择先把这件事放在一边，他们可能会先去查资料、做准备，甚至是做一些无关紧要的事，但不会第一时间去做这件事，他们总是有各种各样的理由来为自己的行为解释。时间一天天过去，眼看最后的期限马上就要到了，再拿出所有的时

自制力
如何掌控自己的情绪和命运

间废寝忘食地来做这件事，这就是人们经常挂在嘴边的"做事拖泥带水、不利索。"用更简单的话说就是人身上存在着"拖延"。

对此比尔·盖茨曾说过这样的一句话："很多人喜欢拖延，他们对手头的事情不是做不好，而是不去做，这才是最大的恶习。"拖延在如今的社会中已然成了一种常见的现象，每个人身上都或多或少存在拖延，说到这里，就必须提另一个词"拖延症"，拖延不是病，可拖延症却是病，得了这种病的人时常感到痛苦，但却无可奈何，而且他们心里清楚自己生病了，虽然知道事情一直拖着不做，但就是控制不了自己。拖延症很多时候都会给人带来不好的影响，直到最后一刻才完成的工作，其结果很可能是糟糕的，我们为此焦虑不安，还时常处于一种内疚、痛苦的状态中。有的人可能觉得我们是普通人，所以才会有这样的烦恼，那些名人他们应该是没有的，有这样想法的人，其实是错误的，不只是我们，有一部分名人身上也存在着拖延，而且他们的拖延可能比我们的更为严重。

法国著名大作家雨果一生写过不少小说，其实他身上就存在着非常严重的拖延症。雨果是一个对派对非常热衷的人，他经常会接受朋友的邀请去参加各种派对。原本这可以让他认识更多的人，也能交到朋友，可是雨果有时候却为此感到烦恼，因为参加派对就必然要花费时间，他把自己的大部分时间都放在这上面，写文章的时间自然就少了。每次到交稿的时候总是抓紧一切时间写，搞得他身心疲惫。所以为了不让这种事继续发生，雨果想了个办法，让家里的佣人把自己的衣服都藏起来，没有衣服自然就出不了门，也不能参加派对了。起初这个办法还能让他集中注意力，专心写作，但是在他先后找出了几个藏衣点后，这个办法就不管用了。最后雨果把自己的退路斩断：找人给自己理了一个阴阳头，胡子也被自己刮去

Part 5
搞定拖延：放任自流的下场就是自取灭亡

一半，这样一个形象的他最终写出了那篇脍炙人口的《巴黎圣母院》。

即便是像雨果这样的大作家，身上也有着拖延的毛病，更何况是我们普通人。但是名人之所以成为名人，他们必然在某方面和普通人不一样，在战胜拖延这件事上，雨果显然有着大智慧，虽然说这个办法凶残了一些，但是效果还是非常好的。试想如果当初雨果没能及时阻止自己的拖延，那么很可能就不会有我们现在看到的名著了。

【智慧屋】

人人都有拖延

不管是平凡的普通人也好，伟大的名人也罢，其实每个人身上都或多或少的存在着拖延，但是名人之所以成为名人，就是因为他们在遇到问题的时候，用一些方法解决了它，而不是听之任之，随波逐流，这样说来，他们其实都是有强大自制力的人，所以一个有自制力的人，他知道怎样应对拖延。

正确认识拖延症

拖延症的存在是多方面的原因，诚然它给我们的生活带来了一些显而易见的影响，但它也没那么可怕，对于拖延症，我们应该有正确的认识，慎重地对待，找出产生的原因，然后才能把它消灭掉，不让它给我们的生活带来痛苦。

别被"明天会更好"给骗了

有一首曾经被无数明星演唱过的歌《明天会更好》一段时间火遍了大江南北,变成了一首人人会唱的名歌,里面有一句歌词是这样的:让我们的笑容,充满着青春的骄傲,让我们期待明天会更好。由于这首歌是呼吁和平而唱的,所以有很大的意义。这一句歌词在当时完全表达了人们的美好心愿,但是如果放在现在的某些时候,就不是那么合适了。比如做事爱拖拉的人,被人分了一项比较棘手的任务,于是他就告诉自己:"我先不做,反正有大把时间,不着急。再等几天,说不定这件事自己就解决了呢。"然后就一直这样暗示自己,总是觉得事情会有好转的时候,所以一点不担心。把"明天会更好"用在这里,显然是不对的。

人们总是习惯性地为自己找借口,尤其擅长把希望寄托在明天。"今天太辛苦了,明天再做吧,反正还有时间。""明天再减肥吧,今天心情不好。"诸如此类的话,很容易就把任务推给明天了,人们时常幻想着明天自己多么努力、明天自己多么优秀,因此"明天"这个词占据了无数人的心,殊不知将事情一再拖延,留给自己的时间只会越来越少。

鲁迅在日本留学期间,曾师承于藤野先生,藤野先生是教授解剖学的,鲁迅在仙台学医的时候,这位老师对他的影响很大。鲁迅

Part 5
搞定拖延：放任自流的下场就是自取灭亡

曾以为把医学学好，就可以拯救中国人民，但他在看到一群中国人麻木不仁地看着自己的同胞被杀害的时候，他忽然发觉治病只能救人的身体，而中国人需要拯救的不是身体，而是精神、是思想，于是他下定决心不再学习医学，而是拿起手中的笔杆作斗争。到了结业的时候，鲁迅心中念着自己的老师，和他说自己很快会回国，不再学医了。当时藤野先生的脸色就变了，到了嘴边的话始终没有说出来。临走前几天，藤野先生把鲁迅叫到自己家里，给了他一张自己的照片，背面写着"惜别"两个字，由于鲁迅自己并没有，所以老师说希望他回去照了相寄过来，而且经常写信，以便他能了解自己的情况。但是鲁迅回国后，却并没有去照相，日子也过得很无聊，甚至没有给老师写过信。后来想写点什么，但总觉得间隔时间太久，提笔不知从何说起，就这样一直拖着，谁能想到那一面竟是最后一面。后来直至老师去世时，鲁迅也没有给老师写过一封信、寄过一张自己的照片。

这件事成为了鲁迅心中的遗憾，可惜却再也无法弥补了。人就是这样，遇事一拖再拖，总是不肯对自己狠一点，不管是今天天气不好还是今天太忙也罢，总之人就是有各种借口，把今天的事情拖到明天再做。"明天"是一个多么美好的字眼，承载了人们的无尽的愿望，是令人向往的。但是明明今天有时间去做的事，就是不愿意做，大多数人嘴上说着："珍惜时间，浪费时间就是浪费生命"，但是行动上却做不到，明知道把事情拖到明天还是要做，但今天就是不想去做，这就造成了今日事不能今日毕，而明天还有明天的事，最后的结果就是所有的事情都积攒到了一起，人们只好通宵完成所有事情，这又是何必。

"明日复明日，明日何其多。我生待明日，万事成蹉跎。"这是

自制力
如何掌控自己的情绪和命运

摘自《明日歌》诗句中的前两句，全诗通读下来，其含义非常简单，就是告诉人们要珍惜时间，今日事要做到今日毕。这首诗写于明代，古人尚且知道时间一去不复返，要把握当下，反倒是我们现在的许多人不懂这个道理了，或者说是道理都懂，但就是难以控制自己。我们买了一些自己爱吃的东西，然后今天吃一点，明天吃一点，有时候忘了吃，有时又不想吃，总是说明天再吃吧，最后却是东西放过了保质期。这就是拖延的一个典型事例，呈现在我们眼前的就是：一堆已经过期了的东西，显然它们已经不能吃了，所以垃圾桶就是它们最后的归宿。假如说东西没有保质期，那么我们当然可以一直把它放在那里不闻不问，想想就是件让人开心的事，可事实是：几乎所有的东西都有保质期，或者说是有期限的。不仅我们的工作、任务有期限，就是人的生命也是有限的，不存在永恒的生命，所以别让自己口中的"明天"害了自己，当你寄希望于明天的时候，期盼明天事情会好起来的前提是：你今天努力了，因为明天是今天的结果，今天什么都没有做，明天又怎么会看到好结果。古人说"花开堪折直须折，莫待无花空折枝"，总想着去摘一朵花，但是就是没去，等到终于去的时候，却发现花儿已经落地，只剩下了空空的枝丫，那个时候后悔也晚了，这就是人们常说的："时间不等人。"

有一家卖肉的店，店门口有一张广告：今天扫码，明天免费领肉。可是当顾客们第二天去的时候，老板却说："上面写的是明天领，你明天再来吧。"对昨天来说，今天就是明天，而对于今天来说，第二天就是明天，所以有无数个明天，而且永远都是明天。可人的生命是有限的，过一天就少了一天，你拖延一天，就等于浪费了一天，当你每天都后悔自己今天没有好好珍惜时间的时候，今天又过去了，而第二天你依旧处在这种心态里，时间就这样一天天过去了，然后人的一辈子也就这样过去了。由于我们的拖延，导致没

Part 5
搞定拖延：放任自流的下场就是自取灭亡

有及时地赶上火车、飞机，错过了行程；由于我们的拖延，总是把工作放在了最后才完成，由于匆匆做出计划，结果漏洞百出，被领导批评；由于我们的拖延，减肥大计一直未能实施，最后得到了一身的横肉……拖延给我们的生活带来了各种各样的影响，不仅是外界的影响，而且还让自己的内心也饱受煎熬，产生挫败感、内疚感，严重时让人产生绝望心理。只有当人深刻地认识到这些不良的结果后，才会有决心战胜它，有时候人需要对自己狠一点，比如做不完这件事不睡觉，或是今天不能完成以后都不能睡懒觉，方法有很多，找到适合自己的，坚持下去，就不会把事情交给明天，再把明天交给之后的明天，陷入一个死循环。

【智慧屋】

不要自欺欺人

与其说一个人有拖延症，倒不如说他其实就是懒，今天的事懒得做于是推到了明天，明天的事再推到后天，他就骗自己"明天我一定做"，有了这个承诺，他就相当于给自己吃了定心丸，于是放心大胆地去做自己喜欢的事了。所以想不再拖延，就别自己骗自己。

遇事多想后果

面对一件事，如果自己不做，后果是什么，这样的后果自己是否能承受，当搞清楚这些问题的时候，一个人就很难拖延了，因为结果太痛苦，所以就会很容易做到"今日事今日毕"。当一个人尽力去做某件事的时候，外界的因素就很少能打扰到他，因为他一心沉浸在自己的世界里，这也就是我们常说的有自制力。所以提高自己的自制力，其实也是对抗拖延的好办法。

自制力
如何掌控自己的情绪和命运

动起来！动起来！动起来！重要的事情说三遍

我们可以把造成我们拖延症的原因概括为以下几大类，首先可能是信心不足，当我们对自己不自信的时候，自己心中就有"这对我来说是不是太难了？""我能做好吗？"等这些疑问，一旦有了这样的想法，自然就容易让人产生拖延心理。然后是被上司安排了自己不喜欢做的事，前面我们提到过当一个人做自己喜欢的事时，他是快乐的，完成的结果也是又快又好的，那么对于自己不喜欢的事，结果就是截然不同的。接着当一个人的注意力不集中的时候，也容易造成拖延，原本打算工作，但是精力不能全都放在上面，于是一会儿看看电影，过一会儿玩会游戏，时间就这样慢慢过去了。除此之外，还有一个原因是我们的目标、酬劳等距离自己太远，人都是希望被鼓励、被奖励的，而当一个人的付出迟迟得不到回报的时候，就容易产生懈怠心理，进而越来越不愿意做工作。了解了拖延症产生的几大原因及其后果后，我们就可以有针对性地采取一些行动，来对抗自己的拖延症。

丹尼斯的父亲，还是一个年轻人的时候，就离开了自己的家乡，他想去别的地方找工作，给家里减轻负担。这个年轻人除了一条船之外，几乎一无所有，吃饭、住宿这都需要钱，在连续几天都没有

Part 5
搞定拖延：放任自流的下场就是自取灭亡

找到工作后，他感觉到了巨大的绝望，甚至一度准备破罐子破摔——干脆回家。可是每每想到自己回去后不但不能帮助父母，还要让他们为自己担心，他告诉自己：一定要留下来。为了不让自己再生出回家的想法，他咬咬牙把那艘船给卖掉了。或许是运气好，卖掉船后没多久，他就找到了一份工作，虽然这一点薪水并不能让他过得很好，但也总算是有了一份工作。再然后他有了一个机会，于是利用这一机会让自己成了中产阶级中的一员。在有了儿子丹尼斯后，他时常告诉他一句话："把帽子扔到栅栏那边。"

其实人活在世上，有很多事情都是自己不愿意做、但又不得不做的，虽然这些事对我们的生活已经有了一定的影响，但我们还是习惯将它放到后面去做，即便这不能解决问题，可我们还是会这么做。而当一个人没有退路的时候，往往就会想方设法地去完成。人的一生总会遇到各种难题，这些难题就像是横在我们面前的栅栏一样，我们想退缩的时候，就把自己头上的帽子先扔过去，没有了心爱的帽子的我们，就不得不翻过栅栏，把它捡回来，这时候不管我们多么不愿意或是没有时间，都会迅速地去做这件事，这样一来拖延就不会再对我们有什么影响了。所以当我们想拖延的时候，就斩断自己的所有退路，我们不能后退的时候，摆在我们面前的就只有一条路——向前了，而当我们处理完这件事的时候，它自然而然就无法再成为我们的绊脚石，增加我们的烦恼了。

战争结束后，许多将士纷纷回到自己的家乡。没有回来的人，大多是战死了，而其中有一个人没有战死，也没有回到家乡，他就是奥德修斯。原来奥德修斯在带领自己的手下准备返程的时候，路经一座岛国，被岛国上的人偷袭。再然后他们的船又到了一个地方，

自制力
如何掌控自己的情绪和命运

船上的一些人误食了"忘忧果",眼前纷纷产生幻觉,于是都不想走了。为了让船能继续航行,奥德修斯命人将他们绑在船上。在海上的航行中,不知不觉行进了一片危险的水域,原来是女海妖用自己的歌声做诱饵,引诱船上的人,让他们把船驶到了这个地方,又有一些人被这美妙的歌声迷惑,纷纷跳海自杀。奥德修斯为了不让自己也做出如此愚蠢的事,于是命令船员把自己捆在桅杆上,才没有被歌声所诱惑。在经历了无数的劫难后,终于回到了自己的家乡。

为了不让自己分心,想出一些比较狠的方法,也可以很好地对抗拖延。一个人做事注意力不集中,容易被其他的事情打扰的话,那么他做事的时间就会延长几倍、甚至是十几倍,原本一两个小时能完成的事,最后却花了好多天才完成,不管拖多久,事情还是要做,原本计划好的事情,也可能因此耽误,所以对于因为注意力分散而导致拖延的人来说,就是想各种办法,让自己的注意力保持集中,这样才能让自己在最快的时间里把事情高效地完成。

马拉松是国际上著名的一项体育项目,它全长有四十多公里,跑马拉松对运动员来说,是一个不小的挑战,不仅要有健康的身体,还要有顽强的意志力,如此才可能坚持下去,赢得成功。日本一个叫山田本一的人参加了东京马拉松比赛,由于在此之前这位运动员并没有多大的成就,对于最后他获得第一名的成绩,实在是出人意料。不少人觉得他获得冠军就是一个意外,是他运气好。两年后在法国举行的国际马拉松比赛上,山田本一代表日本出席了比赛,和上次一样拿到了冠军。如果说上一次的冠军存在幸运的成分,那么这一次幸运女神不可能继续站在他这边,很多人开始正视这个小个子选手了。直到多年后,山田本一在自己的书中才告诉了世人成功

Part 5
搞定拖延：放任自流的下场就是自取灭亡

的秘密，原来他把长长的马拉松分解成了一段一段的长跑，而这每一段中他都给自己一个明显的标志，这样每到一个标志他就知道自己跑完了一段路程，在这个标志前后都奋力冲刺，就这样跑完了全程。

一个人的目标如果离自己很远，那么他做起事来也许刚开始还付出很大的努力，但是时间一长，他就会发现：自己那么努力，可目标看起来依旧那么遥远，好像永远也到不了，所以慢慢地人就会变得没信心，最后干脆放任目标不管了。所以我们在目标明确的时候，可以把它分解成一个个小目标，可以把先前的目标设置得容易一些，之后慢慢增加难度。这样人们就很容易完成一个个小目标，等回头看的时候，却发现自己已经克服了无数的困难，就有很大的成就感，而当人有了成就感时，也会更容易完成任务。

【智慧屋】

去做，而不只是说

已经有了目标，接下来就是要去做。想要办成一件事，不是靠嘴说说就能完成的，更不是靠空想，唯一的办法就是做。话说得再好，不去做永远无法实现，那这所有的一切都是没有意义的，所以别只是说说而已。

就是现在，行动起来

下决心要做某件事，现在就去做，不要说自己没有时间，这都是借口，其实你心里清楚：自己有时间，但是你宁可去做别的事情也不愿做眼前的事，就等于让自己的拖延症越来越严

自制力
如何掌控自己的情绪和命运

> 重了。所以放下别的事，现在就去完成你要做的，动起来、行动起来，只有你动起来，才会让自己养成及时行动的好习惯，即便是一件小事只要能坚持下去，对于拖延症也是有很大帮助的。

Part 5
搞定拖延：放任自流的下场就是自取灭亡

懒说："这锅我不背"

有没有这样的时刻：当别人说做什么事的时候，我们不想去做或者暂时没心情做，于是就推脱说："算了吧，我懒。"不想起床，说自己懒得起；不想工作，说自己懒得工作；不想勤奋，说自己太懒，可实际上，这些不过是自己所找的借口罢了，导致这一切的罪魁祸首，其实是拖延，但我们不愿意承认这一点，所以就把懒惰拿出来当挡箭牌，毕竟每个人都有惰性，所以承认自己懒不丢人，这比承认自己是个有着拖延症的人来说要好得多。

既然人都有惰性，那么为什么有的人就能战胜拖延，而有的人却让自己随波逐流了呢？其中的差别还是因为个人的自制力。自制力好的人，就能让自己动起来，不被懒惰所牵绊，而自制力差的人总是有正事之外的各种事要做，所以正事总是在截止日期要结束的时候才开始做。长久的懒惰会让人做事变得越来越拖拉，原本定好的闹钟响起时，总是告诉自己再睡一会儿就起，久而久之人就习惯性地拖延起床的时间。虽说懒惰很容易导致一个人出现拖延，但是它绝不是拖延产生的原因，前面我们提到过拖延症的产生是多种原因造成的，所以懒只是其中之一，如果把所有责任都推到"懒"身上，这显然是不对的。我们可以批评一个人，但却不能批评懒，如果"懒"会说话的话，它也一定会为自己抱不平的。

自制力
如何掌控自己的情绪和命运

寺庙里有两个和尚，其中一个和尚对另一个和尚说："我准备去南海。"另一个和尚问他："南海那么远，你怎么去呢？"第一个和尚说："带上钵盂即可，用自己的双腿就能走着去。"第二个和尚惊呆了，对他说道："这不可能！南海离我们这儿几千里，我原本打算乘船去，但是现在还没去，你只靠钵盂不可能到的。"原来第二个和尚比较富有，所以出门打算乘船过去，但第一个和尚相对来说就比较穷了，富和尚觉得自己都做不到，穷和尚更不可能做到了。结果第二年的时候，穷和尚从南海回来了，富和尚知道这件事后羞愧不已。

富和尚考虑的有很多，他希望有一个完美的计划，做好充分的准备，他要的是一次性完成去南海这件事，可是说到底还是因为他不肯出发，思想永远活跃，但是身体却始终站在原地。而穷和尚要去南海，可供他选择的途径几乎为零，他带着钵盂出发，在路上的时候，靠着溪水、山间的野果和路途上化缘的斋饭来解决自己的温饱问题，他没有给自己设定时间，但是就靠着坚定去南海的想法，最后成功到了目的地。所以我们在做事情之前先给自己订一个计划，订计划并不是什么坏事，但是计划也不是随随便便制订的。首先我们的计划应该是可以观察到的，也就是说这个计划可以用来帮助我们判断事情是否可以完成，比如说我要减肥，这个计划就是不具体的，无法轻易被观察到，而我要在一个月之内减掉2斤这个计划，就有一个清晰的标准，很容易就能看到结果。再者任何事情都不是一蹴而就的，所以不要把自己逼得太紧，时间一紧迫，人就容易产生慌乱的感觉，在这样的情况下，往往只求结果不问过程了，而想要把事情做成功，需要的必然是脚踏实地、一步一个脚印。此外还要注意，在行动之前应该给自己创设一个良好的环境氛围，这样能

Part 5
搞定拖延：放任自流的下场就是自取灭亡

让自己很容易地进入状态。当自己完成一个任务时，不妨给自己一些奖励，去看一场电影、品尝各种美食，甚至是睡个懒觉，都是可以的，给予自己奖励，之后再遇到任务，第一反应就不会是退缩了。

通常来说，我们拖延某件事并不会立刻看到什么"报应"，也可以说不管是做还是不做，都不会有立竿见影的效果。一旦人们心里有了这样的预设，做起事来自然就不着急，毕竟事情不是一天两天能完成的，所以不用着急。同样的道理，如果一个人知道自己做完一件事就能得到自己想要的东西时，一般情况下他都会很快做完这件事。所以在前者的心理驱使下，人们就很容易把应该做的事先放到一边，经常这样的话，就会让自己患上拖延症。

自制力强的人，其意志力和行动力往往也不会差，他们清楚地知道自己要什么，该做什么，他们对自己十分有信心，所以他们克服了种种困难，也在各行各业中有了相应的成就。而自制力差的人，意志力也十分薄弱，外界的一切都有可能成为他们成功路上的绊脚石，他们会驻足停留，这也就是两者最大的差别了。懒惰是一种状态，而拖延症是一种行为，懒惰可能会让人患上拖延症，而拖延症却不一定是由懒惰引起的。所以当我们想要拖延的时候，不要总是把"懒"搬出来当借口，拖延借口千千万，但是结果却是一样的，我们拖来拖去不但消耗了自己宝贵的时间，而且还让本来能顺利完成的任务最后草率地结尾。"慢工出细活"这句话并不是没有道理的，当我们把大量的时间用来做一些没有意义的事情时，我们只会留下无尽的悔恨。

自制力
如何掌控自己的情绪和命运

【智慧屋】

懒惰不等于拖延症

一个人懒惰，证明他不愿意去做某件事，而一旦他开始做了，他也可以顺利地完成任务，而不一定会拖延。可是有拖延症的人，不管自己有没有时间、会不会做，他们都习惯性地将任务放在最后做，每次完成任务后都告诉自己再也不能这样了，可是下次一旦出现这样的情况，他们依旧如此。

确定计划很重要

做事有计划的人，往往更容易成功，因为他们知道步骤，知道接下来要往哪走，而没有计划的人就像是无头苍蝇一样乱撞，东边撞一下、西边撞一下。当然计划也绝不是随便制订的，一定要符合几个标准，这样人们行动起来才会觉得有成就感，从而给人动力，使人更好地完成任务。

Part 5
搞定拖延：放任自流的下场就是自取灭亡

你还有救，所以别放弃治疗

"万事开头难"，很多事情在没有开始做之前总是觉得千难万难，所以人们都习惯性地找借口，先把这件事向后推迟，越推迟越不想做，越觉得难，就这样形成了一个恶性循环。但是一旦我们着手做这件事的时候，就会发现它其实并不是想象中那么难，所以大部分情况下，我们都是自己吓自己。有一个很常见的例子，无数嚷着要减肥的人，看见美食的时候就把自己说过的豪言壮语抛到九霄云外了，他们开始吃的时候，其实都是抱着"我只吃一口"的想法去吃的，可是很快就会发现，这一口一直持续到了把东西吃完。同样的道理，我们也可以用这一方法来对抗我们的拖延症。不想拖地的时候，可以暗示自己：我就拖一个房间的，拖完这个就好了，等回过头的时候才发现，居然把几个房间的地板全都拖过了。作为有着拖延症的作家来说，这一方法同样适用，当打开文档后，告诉自己写十分钟就好了，接着就会发现自己越写越有灵感，然后就顺理成章地把文章给写完了，而且写完后还有一种轻松愉悦的感觉。所以一旦我们开始做一件事时，就会不自觉地投入到其中，当一个人的注意力集中的时候，就会觉得时间过得特别快，这一过程也就不是辛苦的，反而让人乐在其中。

环境对于人的影响也是不可忽视的。譬如说一个爱整洁的人，如果要在一个桌面特别乱的地方工作的话，那他的效率必然不会很

自制力
如何掌控自己的情绪和命运

高，因为看到这些东西就让他很容易产生烦躁的心情，而一个人一旦心情不好了，注意力自然也难以集中，做事自然就慢了。同样的道理，如果一个人身处一个舒适的地方，那里有着能上网的电脑和爱吃的东西，想象一下这个画面，那个人还能好好工作吗？答案是否定的。所以当我们想集中精力做一件事的时候，首先要做的就是让自己远离这种环境，不管是讨厌的还是让人舒适的环境，都不适合人们办公，因为它们会成为人们成功路上的阻碍，有的人能克服，而有的人却因此被束缚。如果喜欢安静地看书，那就去书店或者图书馆，那里只有翻书的声音，当人身处在这种环境下自然也能专心地投入进去；爱玩手机的，工作前先把手机放到自己看不到的地方，然后就能逐渐进入状态。当然这种方法听起来很简单，但做起来却没有那么容易，因为起初这样做会让人有不适感，心理上感觉不舒服，强迫自己做一些事比较困难，但是一旦人们开始进入这种状态，很快就会忘记这种不愉快的感觉，取而代之的是快乐、满足和有趣，所以这绝对不失为一个很好的办法。

"一根筷子易折断，一把筷子难折断。"这句话说明了人多力量大，有时候我们自己没有办法完成一件事时，找其他人一起帮忙往往能使结果事半功倍，这也可以用来帮助我们改善拖延症。我们可以求助身边的亲朋好友来帮助自己，当然不能找自制力太差的，因为这些人身上往往也存在着拖延，和这样的人一起别想克服自己的拖延症。和他人一起可以互相监督，发现对方在某个时刻或者在某件事上能长时间的集中注意力的时候，我们就可以以此作为自己的榜样。可能对方自己都没有发现这一点，人有的时候会看不清自己，所以需要别人来告诉自己，和他人一起合作，会更容易地克服自己的拖延症，这比我们自己一个人单打独斗效率要高得多。

我们提到过做事前给自己定一个目标，但这个目标并不是那么

Part 5
搞定拖延：放任自流的下场就是自取灭亡

好定的，距离自己既不能过远过近，也不能不清晰，虽然这并不容易，但是一旦我们定下了合适的目标后，对拖延症的改善就会有很大的好处。举个例子，准备减肥的人给自己定下了一个目标：要瘦下来，不能吃得太多，这样才能保持好身材，这一目标看似没有问题，深究下来会发现这个目标并不够具体，也正因为如此，才更可能"胎死腹中"。所以我们可以把目标稍稍修改一下，将它改成：每周末早上6点起来跑步一小时，晚上吃过饭出门散步一小时。这样的目标显然更容易实施了。许多人都有着减肥的心，却没有减肥的行动，嘴上说着要减肥，吃东西的时候、睡懒觉的时候轻易地原谅自己，在心里默默地说："就这一次，下次我一定管住自己。"可实际上下一次还是这样的结果，然后开始了无限的循环。除了享乐，所有的事都需要我们付出一定的努力，这个过程往往是痛苦的，可最后收获的是带着汗水的果实、是让人愉悦的情感，这种感觉比享乐带给人的快乐要更久远、更有意义，享乐带来的快乐是短暂的，如火山爆发一样很快就会归于平静，而这种快乐是长远的，就像潺潺的小溪，不一定有多么强烈，但是会源源不断地流淌。

　　人们之所以会拖延，很大程度上是因为现在的事情，就算不做也不会立即对我们的生活有什么影响，人们时常贪图一时的快乐，这一点古人也不例外，正如李煜的诗句中提道的："梦里不知身是客，一晌贪欢。"如果摆在我们面前的有两件事，一件是不需要自己费多大精力就能做到的，而且做完之后还会让你获得短暂的愉悦情感，比如玩游戏、看电视等；而另一件是学习，可能是学习一门外语或是学习计算机的一些知识，单就是这两件事放在一起，几乎大部分人都会选择第一件事，虽然第二件事对我们的将来必然会有很大帮助，可我们并不清楚这种帮助到底什么时候能派上用场，所以我们往往会选择更快看到结果的事——打完了这把游戏我就能很开心。同样是做了事能看到回报，但是一个迅速得到的回报和一个长期才能得到的回报，显然前者更容易被人选择。第一件事对我们有着这么大的诱惑，第二件事虽然好但是看起来没什么用，那么或许我们可以想出一个两全其美的办法让这两件事都得到满足。我们可以将这两件事结合起来看，在工作日的时候去做第二件事，在周末的时候尽情享受第一件事，这样就不用因为第二件事没有做完而耽误第一件事，也可以把它看成是我们常说的"劳逸结合"。当然，一开始的时候，或许我们还做不到，但是没关系，我们可以慢慢来，当一周的忙碌生活结束后，我们就可以给自己一个很高的奖励。例如，和朋友一起出游，尽情地享受美好风光，放松心情等，总之能让自己卸下身上的担子，能让人感到轻松的事，我们都可以去做。或许我们并不能完全摆脱拖延症，可是至少我们学会了延迟满足，在满足自己的欲望前先做其他的事，这样我们就能逐渐地控制自己面对诱惑的冲动，进而控制自己的拖延。

【智慧屋】

不要觉得自己无药可救了

即便是医术再高超的医生，面临的是一心求死的病人时，也是束手无策的。在某些情况下，一个人的生死是可以由自己控制的，人在绝望中会迸发出巨大的力量，让人生出活下去的决心，而同样的，在一个人觉得生无可恋的时候，除了他自己，谁也救不了他。所以即便我们身上存在拖延症，也不要灰心丧气，只要肯努力，事情都会有转机的。

好办法有千千万

在对拖延症有了深刻的了解后，我们就可以做出相应的措

Part 5
搞定拖延：放任自流的下场就是自取灭亡

施来与之对抗。方法有多种，效果因人而异，同样的方法有的人用效果就很好，而有的人用则没什么效果。方法虽然各异，但没有好坏之分，只要找到适合自己的方法，那就是最好的方法。所以如果一种方法没有用，可以换一种，不要在一棵树上吊死，更不能因此觉得自己的拖延症已经到了晚期了，无药可救了，没有不能改变的人，只有不肯改变的心，只要坚定目标、注意方法，就会对自己的拖延有改善。

PART 6

不完美，才美：
残缺也有值得欣赏的一面

因为有了不幸，我们才能更深刻地理解幸福的定义。没有任何人的人生是一帆风顺的，生活中会有诸多不幸和遗憾，但是正是因为有了这些，我们的生活才变得多姿多彩，没有残缺做比较，完美也就没有了意义，所以不要为生活中的不完美而忧虑，它们会教会我们珍惜。

Part 6
不完美，才美：残缺也有值得欣赏的一面

99分与100分的差别

大概每个人小时候都曾为自己考了99分，没有拿到满分而难过吧，原本可以满分，结果因为自己的不细心或者别的原因，最后只差一分满分，感觉好可惜。可其实99分和100分在本质上是没有差别的，人们之所以纠结这个问题，只是因为自己不满足，因为他们觉得99分就是不完美，只有100分才是完美的。后来我们希望自己在工作上能做到最优秀，可事实是我们永远也做不到。有句话叫"水至清则无鱼"，鱼原本是生活在水中的，通常它们是可以相互转换的，但是一旦超过某一界限，鱼儿反而无法生存下去了，这就是告诉人们对于人和事不能要求过高。这世上美好的东西有很多，无数人为之努力奋斗，孜孜不倦地追求，就是为了让自己拥有它，追求完美能让人进步，令人心情愉悦，但是如果对美的事物有越来越多的苛求，那么即便是现在拥有的东西也会失去，尤其是曾经努力追求过的。

希腊神话中有一位美丽的女神，名叫维纳斯，关于她的故事有很多。在希腊人刻出的女性雕像中，维纳斯虽然眼睛的地方没有瞳孔，两只胳膊还缺失了，但这并不能阻碍人们对她的欣赏，因为她实在是太美了。可是她到底美在哪里，有人说是因为这个雕塑身体的曲线是蛇形曲线，也就是"S曲线"，这种曲线被称作美的线条，

自制力
如何掌控自己的情绪和命运

一眼看过去，这种线条既不是有棱有角让人觉得不舒服，也没有让人觉得很夸张。还有人说之所以认为维纳斯美，就是因为她那缺失的胳膊，要知道原本维纳斯是有手臂的。但是被人们发现的时候，她的手臂和身体已经分离了，而且手臂破损程度十分严重，已经没办法再修复了。众说纷纭、莫衷一是，但不管是因为什么，断臂的维纳斯俨然已经成为了一个永恒杰作——人们不会忘记她的美了。

维纳斯的胳膊没了，一座原本完整的人体雕像，就这样有了遗憾，多少人曾为之叹息，还有人说假如她的胳膊还在的话，那她一定更加让人难忘吧，可后来越来越多的人推翻了这个设想。起初人们希望维纳斯是完好无缺的，这样她才是完美的，然后为了达到这一目的，他们曾做过很多努力，有人试图在纸上描绘出自己想象中的胳膊，给维纳斯加上；有人试图用科学技术模拟出胳膊；还有人在看到这个雕塑的时候，脑海中就开始想象完整的她，但是这些人最后都放弃了，因为他们发现自己想象中的、有双臂的维纳斯变得不美了，无论怎么想缺失的胳膊，总觉得差点什么，他们无数次的想象最后都被自己所推翻。艺术作品中，对于手的处理往往是最难的，不是因为手的问题，而是因为手和身体的问题，漂亮的手并不难做出来，难的是这双漂亮的手怎样放在人身上才最合适，看起来最协调。罗丹曾经为雕塑《巴尔扎克像》这一作品费尽心思，起初他为雕塑做的手不仅漂亮而且十分逼真，可最后他还是忍痛割爱将手臂砍掉，只有这样这一作品看起来才是和谐的，罗丹砍掉手的时候也一定很舍不得，可他更清楚没有手才是正确的选择。维纳斯之所以这么多年经久不衰地被人们所议论、所惦记，可以说功劳就在于她那缺失的手臂，因为没有，人们才会乐此不疲地猜测，而在这一过程中，人们也发现维纳斯的这种美是无与伦比的。

Part 6
不完美，才美：残缺也有值得欣赏的一面

　　《大话西游》系列电影让人印象深刻的始终是《大圣娶亲》这一部，相信这一部几乎所有人都看过，更有甚者可能自己都不记得刷过多少次了。这部电影也被人们奉为经典，成为不少人心目中难以磨灭的记忆。最初看周星驰的电影，很多人都不喜欢他，觉得他太吵、片子太烂，是看了让人发笑过后却觉得没意思的一部电影。可是慢慢地，很多人发现真相并不是这样，而当他们领略到电影的内涵的时候，却再也笑不出来了。有人说当你看懂这部片子的时候，你就再也不是小孩了，因为只有小孩子在看完电影后还能笑出来，而那些已经成长的人，看完之后心中却产生了无尽的空旷感，因为他们在这部片子中看到了自己的影子。大概每个人都曾是至尊宝，我们无所畏惧，天真无邪，可随着年龄的增长、阅历的增加，却发现自己不知何时变成了孙悟空，再也不能肆意妄为了，或许正如影片中的插曲《一生所爱》唱的"苦海，泛起爱恨，在世间难逃避命运。"一样吧。这部剧中令人印象深刻的有紫霞冲至尊宝眨眼睛的那一刻，有至尊宝为了救紫霞带金箍的画面，还有紫霞口中的："我的意中人是个盖世英雄，我猜中了开头，但却没有猜中这结局。"这段让人念念不忘的话，可最让人难忘的恐怕还是最后他们没有在一起这件事。与之相似的还有著名的《泰坦尼克号》，电影中杰克和罗丝原本两个八竿子都打不到的人，却因为一次偶然相识、相恋，就在他们准备下了船开始新生活的时候，船却触礁了，杰克为了让罗丝活下来永远地沉睡在了大海，后来获救的罗丝和别人结婚生子了，好像忘记了那个曾和她有过短暂相恋的爱人，可实际上她从未忘记过他，我们不能想象倘若他们平安登陆后，两个人能否携手到老，因为他们之间的差别实在太大了，谁又能保证他们将来不会被生活所困，在漫长的岁月中将对彼此的爱一点一滴地消磨殆尽？如果两个人不能在一起，那么最好的爱情就是我带着你的爱坚强地生活下

自制力
如何掌控自己的情绪和命运

去,我活着不只是为了自己,而且也为了你。大团圆的结局固然让人欢喜,不能在一起让人难过,让人遗憾,想看到好的结局是因为人们的心中都有着对美的追求和向往,如果能称心如意当然令人开心,但如果天不遂人愿,我们也没有必要纠结。试想假如这部影片是喜剧结尾的,那么它可能就不会有现在这样大的魅力了。人生总有许多遗憾,相爱的人却不能在一起,知心的朋友最后却散落天涯,没有去见的人却永远也见不到了……这些不圆满让人伤心、给人痛苦,可我们的人生也正是因为有了遗憾才变得更加精彩。因为有了遗憾,我们才会更加珍惜自己来之不易的一切,不管是身边的亲人也好、远处的朋友也罢,甚至是我们的子女,没有谁能永远陪着谁,但我们不可能因为知道这一点就远离他们,反而知道在一起的时候有多么不易,才会让人更加舍不得,舍不得浪费时间,教会我们学会珍惜。

【智慧屋】

真正的完美并不存在

人人追求美好,有的追求美好的生活,有的追求美好的事物,可不管追求什么,这世上都不可能存在百分之百美好的东西,即便是那些看起来完美的东西,其实也不是完全美好的。对生活有向往、有追求可以让人努力赢得自己想要的东西,握在手中才是最踏实的,但是太过美好的东西则像手中的气球,一不小心就可能飞走。

遗憾也是美

古人云:"人有悲欢离合,月有阴晴圆缺,此事古难全。"现在人们说:"人生不如意之事,十之八九。"由此我们知道:

Part 6

不完美，才美：残缺也有值得欣赏的一面

这世上让人遗憾、不顺心的事太多了，如果我们把目光始终定格在那些"遗憾"上，那么我们就会失去很多美好的东西。那些不够美好的或者说让人遗憾的事物，反而会让我们看到另外一种不同的美，而且有时候还能教会人珍惜，这样看来，遗憾其实也是一种美。

自制力
如何掌控自己的情绪和命运

执着是个褒义词，但固执不是

在夸奖一个人的时候，人们更愿意用"执着"这个词，而在说某人冥顽不灵的时候，就说："你这个人怎么这么固执。"人们在对完美孜孜不倦地追求的时候，我们说这是一件好事，而当人明知道这世上不存在完美却还要追求完美时，这就是不好的事了，这不仅让自己痛苦，而且也会给身边的人带来不愉快。

我们说什么事情都有一个度，一旦超过了那个界限，就会对人造成伤害。对完美的追求我们能接受，也赞同，但是过度追求完美，就是一个固执的人了。

好莱坞有一位大腕名叫英格丽·褒曼，在她还是一个小女孩的时候，就对父母的爱情十分羡慕，她觉得这就是世界上最完美的爱情了，这一事件影响到了她的择偶观念。褒曼母亲和父亲的故事，就像是公主和穷人的故事，她的母亲邂逅父亲后，两人便深爱上了对方，但是这场爱情起初并没有得到家庭的祝福，直到她的父亲有所成就的时候，两人才终于结婚了。褒曼的母亲在她3岁的时候因病去世了，她的父亲时常向她提到母亲，小褒曼就在父亲对母亲的回忆中一点点拼凑出了父母之间的爱情，这反倒让她对母亲的记忆并不陌生。在褒曼12岁时，她的父亲也去世了。褒曼在20多岁的时候已经是一位著名的演员了，她嫁给了一位牙医，原以为自己

Part 6
不完美，才美：残缺也有值得欣赏的一面

也能拥有想象中的爱情，可她名气越来越大，丈夫心里不舒服了，两人的婚姻逐渐变得名存实亡。但是褒曼并没有停下自己追求完美的脚步，她迷上了一位摄影师，后来这段感情因为摄影师在战场死亡画上了句号。后来她又爱上了一位导演，甚至毅然决然地和自己的丈夫离婚了，这一次支持她的影迷都倒戈了，她再也不是他们心中圣洁的女神了，曾经的粉丝和媒体都表达了对她的失望。后来她演出的影片都没能溅起什么大的水花，而且这一次她不顾一切地和那名导演在一起后却发现他其实是个风流成性的人，她完美的爱情梦也破灭了。

"百年修得同船渡，万年修得共枕眠。"夫妻两人能走在一起真是需要很大的缘分，但是无论多么相爱的人，都一定会有意无意地伤害过自己的爱人，牙齿和舌头那么亲密，有时候还会不小心咬到，何况是人呢，生活中的磕磕碰碰也是少不了的。原本就不存在完美的爱情，但偏偏有人非要寻找所谓的"完美爱情"，结果经历了离婚、出轨，才明白原来根本不存在这样的感情。我们找不到百分百对的人，有的只是两个互相不完美的对方，但是我们心里清楚：这就是对的人，所以不会再固执找别的人。我们看到一个人完美，那也不过是因为"情人眼里出西施"，等深入了解之后就会发现：原来他有这么多的缺点，然后开始怀疑自己当初的眼光，再遇到下一个人的时候依旧是这样的一个轮回，如此周而复始，只有当人清楚地意识到：这世界没有十全十美的事物时，他才不会因为抉择而感到痛苦不安了。

一个人或是一件事情完美与否，主要取决于人对事物的看法，当我们觉得什么东西完美，那也只是一时的，不久之后我们就会发现它身上的不完美了，当我们对自己不停地要求完美的时候，身边

的人可能会慢慢地远离了我们，因为每个人都是不完美的，而和我们在一起只会给他们带来痛苦。当我们不断要求别人做事完美时，我们就会失去很多东西，不管是亲情、爱情抑或是友情都是这样，如果我们还一心这样想的话，只会让自己最后变成孤身一人。生活中也不总是有欢乐的、幸福的事，我们只有正确地看待事物，才能知道一切都是值得开心的，即便有不好的事，也可能是"塞翁失马"，所以不要给自己定下什么不可能实现的标准，我们找不到完美的人，也没有完美的事，可这更让我们珍惜当下了，毕竟手中紧握的，就是幸福。

【智慧屋】

一厢情愿要不得

遇到事情人容易想当然，把自己的想法当成别人的想法，可问题是别人根本不知道我们的想法，这时候沟通起来一定是有困难的。因为自己想要完美，所以希望别人朝着自己期望的方向改变，这当然是不可能的，我们自己都做不到，更不能强迫别人做到了，所以别把自己的一厢情愿强加于人。

不要执迷不悟

我们常常鼓励别人也曾被别人鼓励："不要放弃，坚持下去。"这句话当然有意义，但是不适用于所有的场合，在明知不可为的情况下，应该学会放弃，因为坚持下去还是失败，是没有意义的，明明已经错了，却还是不肯更改，导致最后越错越多，再也无法挽救了。放弃是因为没有希望，做不到的事就不要强求了，完美虽好，也要有度，超过范围就不是好事了。

别让"完美"毁了你

试想一下，如果工程师对于图纸上的楼房随便勾画，觉得尺寸多一点少一点没什么大关系的话，这样建起来的楼房，其质量可想而知了。小到我们开的车，大到国家研发的航空母舰、宇宙飞船等，这些都离不开我们对完美的追求和严谨认真的态度。我们追求完美不仅让自己有目标，而且也是对个人以及他人生命的一种负责，因此我们不断地追求完美。

有的人性格使然，无论做什么事，都希望自己能做到最好。我们说一个人想要把一件事做好，这当然是件好事，但是想把所有事都做到最好，却不见得是件好事。我们完成了一件事情之后，会有一种成就感和喜悦感，一两件事做到了极限也是好的，可一个人精力毕竟有限，不可能，也没有那么多的时间能把每件事都做到最好。可以有追求完美的心，但是过于追求完美则很有可能让自己陷入病态中。

一位年轻人对于完美有一种执着的追求，这不仅表现在他的生活、工作中，甚至影响到了他的择偶观，他告诉自己一定要找一个完美的女人做自己的妻子。然后这位年轻人开始了漫长的寻找，有时候遇到了心动的人，但他觉得这个女人不够完美于是又去寻找下

自制力
如何掌控自己的情绪和命运

一个。很多很多年后，这位年轻人也由最初的小伙子变成了一个老头子，有人看他每天都在找东西的样子，就问他："老人家你在找什么呢？"他回答道："我在找一个女人，找到一个完美的女人我才愿意跟她结婚。""那您找了很久了吧，还没找到吗？"他说："我已经找了60年了，在30岁的时候，我曾遇到过一个女人，我认为她是这个世界上最完美的女人。"那人又问道："既然她是最完美的女人，那您为什么没有娶了她？"老人叹息着说："因为那个女人也在找世界上最完美的男人！"

  人有追求就有了奋斗的目标，会愿意为此付出巨大的时间、精力，他们愿意这样做，而且乐在其中，一个做事有目标的人，其成功的可能性也很高。许多人都在追求完美，这件事本身没有对错之分，但是如果一个人过于追求完美，无论做什么事都想做到极致，就是完美主义者了，这类人对事、对人都有着超高的标准，这其实是一种病态，有心理学家研究后表明：过分追求完美，会对身体和心理造成不良的影响。有位哲人曾说过："世界上并不缺少美，缺少的是发现美的眼睛。"我们每个人都像是一个有缺口的圆，如果一定要找到自己缺失的那一块，我们的确变成了一个完整的圆，可是却因为我们滚动的速度太快，再也看不到沿途美丽的风景，体会不到幸福，而我们追求完美的目的就是为了让自己更幸福，要知道一味追求完美给人带来的不是快乐而是痛苦。

  东施效颦的故事，几乎人人皆知，原本长相不漂亮的东施，看到了西施就连皱眉头都是好看的，于是为了让自己变得好看，也学西施见人就皱眉，这让东施更加招人厌恶。我们说面貌这个东西很大程度上来自遗传，还有一些后天因素的影响，但是现在的人，不仅是女人，就连一些男人都会因为不满意自己的长相，去做了整形

Part 6
不完美，才美：残缺也有值得欣赏的一面

手术，在自己的脸上各种开刀、抽脂，脸蛋是变得好看了，但是随之而来的后遗症也令人担忧。有人说整容就像是吸毒，整了一次还想整第二次、第三次，最后把自己的脸变得面目全非。还有一些原本长相好看的人，觉得自己的脸不能打一百分，不惜花重金让自己的脸变得更完美。我们在网上时常会看到这些人，她们都长了大眼睛、高鼻梁和瓜子脸，她们中许多人成了我们口中的"网红脸"，初看很漂亮，看几眼之后就觉得别扭，最后发现街上有许多这样的人，我们自己都有些脸盲了，放眼望去，似乎所有人都长了同样一张脸。以前我们觉得东施可笑，可是这些人又何尝不是现代的东施。有追求完美的人，可是一味地追求完美，反倒让人迷失了自己，这个世界上没有什么事是绝对完美的，我们能做的是尽力让事情变得完美，而不是为了追求完美不顾一切，不但伤了自己，也会给身边爱自己的人带去痛苦。

【智慧屋】

可以尽力完美

乔布斯对完美的追求达到了偏执的地步，当然也正是因为他追求完美，希望造出完美的产品，我们才得以认识、拥有苹果公司的科技产物，诸如随身听、手机、电脑等，但是这些东西现在还不够完美，所以他们一次次提高技术、改善工艺，只为让人有最好的体验。我们只能尽全力追求完美，却做不到百分之百的完美。

太阳上也有黑点

俗话说："尺有所短，寸有所长。"我们不能说是尺好还是寸好，因为它们各有优势，在某些时候能发挥出自己的作用。世

自制力
如何掌控自己的情绪和命运

界上不存在永远完美的事物，有的也只是某一时刻的完美。所以对于完美没有必要过分的追求，如果一定要这样做，到头来也只能让自己失望。

追求完美，并不意味着要完美地活着

或许我们每个人在遭遇困境的时候，都曾幻想过："要是当时我做了……就不会是现在这个样子了吧。"可是人生没有重来的机会，每个人都在自己的舞台上扮演着自己，人生就是现场直播，而不是录播，错了我们能再彩排。对于完美，人人都想要，可是却没有人真正的得到过，因为在别人眼中的完美，只有自己知道是不是真的完美。假如一个人做什么事都是完美的，那这样的人必然不会有朋友，因为他太优秀了，总给人一种高不可攀的感觉，同样他也是独孤的，因为没有人懂他。

阿拉斯戴尔·克莱尔就读于牛津大学，在这样优秀的学校里，他依然能成为佼佼者，毕业以后又出版过无数的小说和诗集，成了众人眼中优秀的学者，并且他曾经还发行过两张唱片，担任过一部电视剧的导演兼制片人，他所获得的奖项多得数不完。可谁能想到，就是这样优秀的人，却在自己四十多岁的时候奔向了火车，结束了自己的生命，他的辉煌戛然而止了。原本他自杀前是要去领一个奖项的，这个奖是他一直想要拿到的，尽管他已经拿过不少奖，有的奖比这个奖还要大，可他对那些奖并不满意，所以仍然希望自己可以得到这个奖，这就成了他的目标。遗憾的是，他还没能得到这个消息就以自杀为自己的生命画上了一个句号。他的妻子曾说过："他

自制力
如何掌控自己的情绪和命运

每次完成一个目标后，就会立刻给自己定下新的、更大的目标。"

克莱尔如果知道自己要去领梦寐以求的奖项，是不是就不会选择自杀了，我们可以从中看出他是一个对完美有着一种执念的人。在他眼中自己做的从来就不够好，他眼中只有自己的缺点、不足，所以他不断地追求进步、寻求完美。即便他已经得到了那么多的奖他依旧不能满足，所以他不能接受这个事实，选择了离开人世，可惜的是他再也看不到这个原本属于他的奖了。克莱尔就属于典型的拥有完美主义心态的人，这种人身上最大的特点就是"看不到自己的闪光点，他们的目光始终停留在自己的不足上"，于是这些人不断地超越自己、追求完美，在外人看来，他们已经非常成功了，这样的人生可以称得上是"完美人生"了，可他们心里只有一个念头："我什么都没有。"就这样慢慢地给自己画地为牢，直至最后才发现自己被困在了笼子里，外面的人进不来，自己也出不去，这样的结果无疑是让人痛苦的，其结果必然不会是好的。强求得来的东西往往已经失去了它原本的特色，到我们手里的时候，它就不是我们心目中喜爱的样子了，所以有时候我们需要顺其自然。

有一位渔夫在海上捕鱼，无意间捞到了一个很大的河蚌，用刀划开后发现里面有一颗硕大的珍珠，他为珍珠的美赞叹不已，原想这颗珍珠拿到集市上一定可以卖个好价钱，可是就在他高兴的时候，忽然发现珍珠上有一个小小的黑点，这可让渔夫发了愁，他心想：要是没有这点瑕疵，那这颗珍珠就完美了。渔夫看了又看，最后决定想办法把珍珠上的黑点去掉，渔夫把外面的黑点刮掉，珍珠就变得小了一点，他发现里面还有黑点，于是他不停地刮，最后终于把黑点刮掉了，可是手里的珍珠也没有了。

Part 6

不完美，才美：残缺也有值得欣赏的一面

虽然珍珠有黑点让人觉得有些美中不足，但是正是因为有黑点的存在，才更加证明了这颗珍珠的真实性，也是这颗珍珠与别的珍珠的不同之处，这颗珍珠拿去卖可能卖不了特别高的价钱，但是它总归是个珍珠，价值总是在的，并不会因为有了小黑点就不值钱了。李白有一首诗中写道："清水出芙蓉，天然去雕饰。"没有经过雕琢装饰的荷花，就是最美的荷花，这是一种自然的美、赏心悦目的美，美之所以有价值就是因为它的自然，放在花瓶中修剪过的花虽然也美，但与未经修饰的花相比，缺少了一些灵气，美则美矣，却不如前者耐看。

老和尚准备给自己找一个合适的接班人。在他深思熟虑后，在自己众多的弟子中挑出了两个和尚，准备在他们两人中间选出最理想的那个人。他没有让两个和尚说什么大道理或者抄写经书，而是给两人抛出了一个巧妙的问题。老和尚对自己的这两个徒弟说："你们两个帮我出去捡一片树叶，只有一个要求就是带回来的那片树叶必须是你们觉得最满意的。"两个徒弟听完后就出去找树叶了，没过多长时间其中一个徒弟就回来了，他将自己手中的树叶递给了师傅，并说道："这片树叶虽然不是完美的，但在我眼里这就是最让我满意的。"又过了很长时间，另一个徒弟才回来，不过他是空着手回来的，他告诉自己的师傅："虽然外面的树叶千千万，但是我始终觉得它们都不够完美，都不能让我满意。"最后师傅当然把自己的衣钵传给了给自己树叶的那个弟子，因为他已经参透了佛家的道理。

佛家人这一生要参透很多的道理，这一次的道理是：万事随缘，在这世上没有完美的人和事。其实不只是佛家，我们自己也应该知

自制力
如何掌控自己的情绪和命运

道这个道理。人们最初都想找最美的那片叶子，可是每当自己以为捡到它的时候，就会发现还有更美的树叶在等着自己，于是人们丢掉手里的，去捡了更美的，就这样无休无止地找，直到最后才发现，最美的那片叶子自己已经错过了，那时候后悔也晚了。初衷是美好的、是正确的，但是机会往往如同流星稍纵即逝，我们以为错过的不过是个机会，却不知道这有可能就是一生最好的机会。我们都渴望追求完美，但是即便我们有缺憾那又怎样，生活中的事是好是坏谁也说不好，只有经历过的人才知道珍惜的意义，我们追求完美，这样可以让我们过得更好，但我们不需要过分的完美，这样会压得人喘不过气。

【智慧屋】

自然的美才最美

外貌不过是人的一副皮相，真正美的人是在于心灵的美，那是一种自然的美，由内而外的美，这样的美才是经久不衰的，那些让人惊艳的美更像是过眼云烟，很快就会被忘记。我们发现美、追求美，都是为了让自己变得优秀，而不是不断地逼迫自己，更不是在重压下扭曲自己的内心。

生活不止眼前的苟且

当我们把目光锁定在自己没有的东西上，甚至为了追求那些所谓的美好，不惜抛弃自己已有的东西，就会发现自己的愿望常常会落空，就像是那个捡了芝麻丢了西瓜的猴子，到最后只会一无所有。我们应该看到不完美是正常的，完美是相对的，不要被眼前的东西迷了眼，远方的美景在等着我们，我们要做的是奋力前行。

Part 6

不完美，才美：残缺也有值得欣赏的一面

别总把自己和他人比较，你也是不一样的烟火

大概每个人身边都有这样一种人，他们非常成功，也很优秀，好像所有事都在他们的掌握之中，看起来永远是不慌不忙的样子，即便是遇到危急的事，也能沉着冷静地把事情办得又快又好，于是我们羡慕他们，又问自己怎么做不到那样。必须承认，这些人真的很棒，他们在自己的领域里披荆斩棘，于是有了现在我们眼中的他们。可我们看到的也仅仅是这样，是他们功成名就之后的样子，我们没有看到的是他们为了追求梦想而努力付出的过程，其中的辛酸和汗水，不经历过的人根本不会明白。

"不盲目羡慕别人"并不是件容易的事，漂亮话谁都会说，但是不见得人人都能做到，我们在看别人身上的闪光点时，却常常忽略了自己，殊不知我们在羡慕别人的时候，也被另外的人所羡慕着，只是自己不知道罢了。一个很简单的例子，我们在出门前也会好好地装扮自己，这不仅代表了我们对自己有要求，同时也体现了我们对别人的尊重，所以在他人眼中我们也是"整洁的、美丽的"，可事实上在家里自己有多么不愿意收拾自己，只有自己知道，我们往往会把自己最完美的那一面展现给他人。其实每个人都是一样的，我们都有幸福，也存在各种烦恼，因此不要觉得别人就一定过得非常好，我们眼中他们得完美，也只是我们眼中的，真实情况并不是这

自制力
如何掌控自己的情绪和命运

样的，了解了这一点之后，就会发现自己其实是"身在福中不知福"，所以没有必要羡慕别人。

《阿凡达》这部电影绝对称得上是一部精彩的科幻电影，在它上映之后的39天里，票房就达到一个极高的地步，甚至超越了过去最火的《泰坦尼克号》，刷新了它连续13年全球票房第一的神话，这使得《阿凡达》纵身一跃成为2009年当之无愧的"票房之王"。我们看到的就是电影越来越红火，这个名字也被更多的人所知道。电影上映后引起观众的巨大反响，电影里的情节深深地吸引着人们，即便是在电影结束后他们对剧情的讨论依然热烈。而这一切的成就都离不开詹姆斯·弗朗西斯·卡梅隆，这两部口碑和票房都极高的电影都是由他导演的。可是又有多少人知道：这部电影是他潜心制作12年的大作，在这么长的时间里，卡梅隆对电影付出了巨大的心血，为了展现出电影中最令人满意的动物形象，他绘制了30多张效果图，然后经过不断地修改、删减最终才定稿。甚至找来语言学家，为他们创作了一种全新的语言，并要求配音演员也学会。电影中的每一个细节他都要求精益求精，最终才有了我们看到的辉煌。

《阿凡达》之所以有这么大的成功，绝不是偶然的，卡梅隆在背后的辛勤付出以及对美孜孜不倦的追求，各方人员的协力合作等，这种种因素的组成，才构成了这个盛大的辉煌。有人说卡梅隆是一个疯子，因为他对细节太苛刻了，有时候人们甚至都不会注意到的东西，他发现了问题，还是会要求重新拍。俗话说得好："台上一分钟，台下十年功。"没有对完美的执着追求，也就不会有现在的《阿凡达》。当导演的人不少，但是真正为人所熟知的却并不多，有的导演羡慕别人拍出多么优秀的电影、赢得了多么高的票房、知名度有

Part 6
不完美，才美：残缺也有值得欣赏的一面

了多大的提高，却不会从自己身上发现问题。一个只会羡慕别人的人，是不会有成就的。我们可以羡慕别人，但不必过度羡慕，我们羡慕别人不单单是羡慕，更重要的是发现别人成功的原因，然后根据自身的情况，将自身的优势最大限度地发挥出来，这样才能闯出自己的一片天空。

诸葛亮的《出师表》中写道："不宜妄自菲薄。"这句话放到现在依然不过时。我们不能只看到别人身上的闪光点，陷入深深的自卑之中，其实我们身上也是有优点的，只不过暂时没有发现，参照别人的成功，我们能从中寻出规律，进而根据自身的情况，用合理的方式开发、发展，从而使自己能不断地完善自己，变得更加优秀。当自己没有把事情做得完美的时候，不用过分担心，因为我们可以问心无愧地说自己已经付出了最大的努力，而当我们这样做了的时候，结果就不会那么难以接受了，在这个过程中，我们收获的更多是拼搏的过程，而不是对结果的在意。

【智慧屋】

不必过度羡慕别人

每个人都有烦恼，即便是我们羡慕着的人，他们也有我们并不知道的烦心事，我们总是拿别人的长处和自己的短处相比，这样只会觉得自己十分糟糕。我们应该坚信自己也能成功，也能把事情顺利完成。不停地羡慕别人，觉得身边所有人都比自己好的人，就会迷失自己，陷入"我真差劲"的怪圈中。我们追求完美是为了让自己变得更好，而看到别人完美自己就接受不了，就会让自己内心的天平倾向一端，最后变成自己都讨厌的人。

自制力
如何掌控自己的情绪和命运

你本来就很美

或许我们羡慕过别人的生活，羡慕他们年薪百万，羡慕他人家庭和睦，但是我们不知道的是：在我们羡慕别人的时候，也会被人羡慕着，这听起来有些不可思议，但事实就是如此。紧握在我们手中的有很多，但是却时常被我们忽略，我们心心念念的只有自己没有的，而这些又是别人有的。我们都是名贵的玉石，有的人在我们眼中是完美无缺的，但只有他们心里清楚，自己的内心并不是完美的。我们或许看到了自己身上的小瑕疵，可是并不能因为这些瑕疵的存在，就忽视了自己本身是玉石的这个事实。

Part 6
不完美，才美：残缺也有值得欣赏的一面

揭开"红蓝黄绿"四大性格的神秘面纱

如果一个人对完美有特别的执着，那么这件事可能和他的性格脱不了关系。生活环境、家庭教育以及社会对人的影响都是不一样的，这就造成了人性格的多种多样，性格对人的影响无疑是深远的，无数人也曾对性格进行了研究，关于性格的测试也随处可见，我们这里要说的是"红黄蓝绿"性格。人的性格归属于哪一种，乐嘉曾对此设计了三十道题目，测试者先将答案写在纸上，之后通过进一步比较分类，人们就能依据此判断出自己属于哪一种性格，进而知道其优缺点，让它更好地为我们服务。该测试将人的性格划分成四大颜色，即"红黄蓝绿"，一个颜色对应一种性格，但是我们知道，人的性格并不能确切地说属于某一种，更准确地来说人的性格是多种颜色的结合体。

四大性格的人的基本特点有很大差异，他们对于他人的表达也存在着不同。红色性格的人像是小孩子，通常喜欢刺激，愿意追求挑战，这种人往往属于领导者，他们才思敏捷，所以说话的时候通常是直接的、简明扼要的，他们还比较自我，被别人夸奖会觉得满足，但他们同样拥有并不细心的神经，会在有意无意的时候伤害到别人。面对生活中的困难时，他们时常以积极的态度对待，懂得享受生命，但是同样的，这种性格的人自制力比较差，因为他们很容易被情绪所控制，结果就是自己的情感战胜了理智。计划对他们来

自制力
如何掌控自己的情绪和命运

说通常作用不大，"计划赶不上变化"这句话就是他们的真实写照，这就导致他们做事的时候容易随心所欲。

黄色性格的人就像是还未完全成熟的人，他们也属于外向型的人，同样喜欢挑战，因为挑战能激起他们的兴趣，进而让自己想方设法地成功。这种人能很快地看透事物的本质，并一针见血地指出存在的问题。面对高强度的压力，他们非但不会觉得痛苦，反而更加激起他们的斗志，促使他们在短时间内提出解决的办法。这种人就属于典型的"喜怒形于色"的代表，周围的人只要看看他们的表情，再猜测他们的内心就八九不离十了。这种性格的人在心情极度不好的时候，会很暴躁，让周围的人产生一种"不可理喻"的看法，并且由于他们对结果过分在意，所以对人倒反是一种折磨。

蓝色性格的人相比前两种就属于内向的人，用害羞的姑娘来形容最合适不过了。这种人最擅长做的事情就是思考，他们的感情通常起伏不大，他们的行动比较保守，时常在意细节，对他们而言，这种"以不变应万变"的状态就是最好的状态。这种性格的人很在意别人对自己的评价，比起认识新的人，他们更愿意在自己熟悉的地方做着熟悉的事，对朋友他们只会默默付出却不求回报。由于心思细腻，因而比较敏感，别人说的话很容易就记在心中，尤其是那些不好的话。平时他们总喜欢追求完美，为了能将事情完成得最漂亮，他们先前会做大量的准备，包括搜集数据、分类整理，甚至想出可能出现的种种意外。他们最擅长将事情做美化，如对他人期望太高，对自己抱有不切实际的幻想，但现实往往将这一美梦打碎，所以自己经常感觉到被伤害。

而绿色性格的人更像是一位和蔼可亲的老人，这种人最大的特点就是与人随和、善于控制自己的情绪，有较好的自控能力。这种人身上有一种令人安静的气质，能吸引无数的人为之驻足。他们是

Part 6

不完美，才美：残缺也有值得欣赏的一面

合格的倾听者，仿佛能包罗一切人事，经常站在别人的角度思考问题，为人付出时毫不犹豫，就像我们常说的"老好人"。但是他们同样不愿意改变，只愿意待在自己小小的天地里，遇到困难的时候不是迎难而上、解决问题，而是被动地接受，希望事件能依靠自身的力量解决。

红色性格的人做事的动机是快乐，只要能让他们感到快乐的事，他们都非常愿意去做，由于性格乐观，所以即便是遇到逆境时，他们依然对事情抱有美好的期望。这种性格的人喜欢不断地交朋友，因为他们擅长交流，可同样的，他们有时候说话也会口无遮拦，给别人造成伤害，且情绪波动很大，他们不愿意承担责任，做事容易虎头蛇尾、三分钟热度。

通常脾气暴躁，还喜欢掌控他人的人，他的测试结果应该是符合黄色性格的。这种人即便是知道自己错了，也决不允许别人指出自己的错误，这会让他们非常没面子。他们对人有着极强的控制欲，在掌握自己的命运时，还试图掌握别人的命运。黄色性格的人还非常固执，在他们眼中不存在解决不了的问题，如果有，那就一定是不够努力所以暂时没找到办法。他们时常以自我为中心，自己觉得事情是什么样，别人也要按照自己的想法去想。

如果让蓝色性格的人做某件事，那么他们必然会把这件事做得非常完美。由于善于思考，所以他们会对书本上或者别人说的话做一个深刻的剖析，对他们来说如果能在这里面受到启发，这就是最大的快乐、最有意义的事情。另一方面，恨不得把每个字分成一句话来看，这就使得他们内心极其敏感多疑，对每句话分析之后的结果就是：他们发现这句话带给他们的是负面的东西。更糟糕的是，虽然他们的结果也有积极的一面，但占据上风的通常是消极的那一面。他们会在向别人提出问题前，把对方可能说的话都想一遍，然

自制力
如何掌控自己的情绪和命运

后再想出与之对应的自己要说的话，时间就是这样被浪费的，这就导致他们虽然有趋近完美的计划，却总是来不及实施。

绿色性格的人更像是持中庸态度的人，他们心中有一个"乌托邦"，为了这个别人对他提出的要求，他都尽量满足，无条件地付出，这就使得他们的底线一再降低。容易宽容别人没有问题，问题是不断地宽容，就变成了纵容。这种性格的人寻求稳定，所以他们不愿意惹是生非，有时候为了息事宁人，宁可自己背黑锅。他们像是淡定的僧人，与世无争，常常把别人放在前面，却常常忘了自己。

【智慧屋】

四大性格很可能同属一人

我们说人的性格往往不只是一种，它是由多种因素混合组成的，只不过表现在每个人的身上分量有所不同，当某一个比重大的时候，我们就把这个人的性格归属在这一类里面。我们看到的只是他身上的某个特点，更多的特点是我们看不到的，但我们不能因此否认这个人身上就没有别的特质了。

认识自己是为了更好地控制自己

其实性格测试只是帮助我们更准确地认识自己，并不能因此断定今后的发展方向，一个人最终会发展成什么样子，是多方面的因素造成的，无论哪种性格，只要一个人能认清自己性格中的弊端和优势，将积极的那面发扬光大，将不好的那面最小化，这样就能掌控自己的人生。

PART 7

精进自定义:
你的勇气价值百万

　　生活中出现的挫折,不是每个人都有勇气去面对它,一个人在失败面前没有勇气,就有可能从此一蹶不振。每个人都要遭受磨难,有自制力的人不会给磨难以可乘之机,他们会及时调整好自己的状态,永远不会放弃前行的勇气。

Part 7

精进自定义：你的勇气价值百万

打败你的不是外界

我们追求成功是一个漫长的过程，在这一过程中会遇到无数的困难和诱惑，当我们被这些东西迷惑的时候，就会停下脚步，原本离我们很近的成功，因此变得越来越远。虽说外界的很多因素都会干扰我们，但其实对我们来说更重要的是自己的内心，一个自制力强的、有勇气的人，无论面对什么样的困难，都能不畏艰险、克服一切障碍，从而实现自己的梦想。所以能把我们打倒以后站不起来的只有我们自己。为了培养我们的自制力，我们可以强迫自己做一些不愿意做的事，即"反其道而行"。有时候我们的生活过得太顺心，就会让人的自制力变得越来越差，当我们必须去做那些自己不想做的事时，就相当于间接地让自己的自制力提高了。

东汉末年，是一个混乱的年代，而在这样的时代里，也出现了一大波英雄人物，正所谓"乱世出英雄"，有的英雄小小年纪就已展示出非同一般的胆识，例如大将孙坚。在孙坚17岁的时候，因有事要去钱塘，便和父亲一起乘船前往，谁知刚到岸边，就被一群来势汹汹的强盗给打劫了，这些强盗逼着船上的人交出自己的财物，船上的商人哪里见过这种世面，被吓得大气都不敢出，只能眼睁睁地看着那群人把自己的东西抢走，得手后几个人上了岸边开始分赃。岸边原本要上船的行人和准备停船靠岸的人都不敢靠近了。少年孙

自制力
如何掌控自己的情绪和命运

坚见到这一景象十分愤怒，他和父亲说自己要把他们赶走。父亲听了极不赞同，在场比他大的人多的是，都没人敢去，何况是这么个小孩子。孙坚却表示自己有办法，只见他提了一把大刀，迅速地向岸上走去，一边走一边挥舞着大刀，强盗们远远看见有人朝他们走来，而且一副指挥人的样子，还以为是官府的人来抓他们，吓得他们四处逃窜，甚至连赃物都没拿。孙坚却觉得不够，最后砍死了一个强盗才罢休，因为这件事情，孙坚的名字就这样被人所熟知了。

面对穷凶极恶的强盗，那么危急的情况下，我们看到了一个勇敢的孙坚，一个十几岁的少年，便拥有一般人没有的心智，他的一生注定是不平凡的。虽然我们大部分人这一辈子都会是一个普通人，但是需要我们用勇气的地方却不少，我们现在面对的，不一定是这种危及生命的情况，但更多的是困难和挫折，拥有勇气，我们才能在面对它们的时候，不退缩、不气馁。人最怕的就是自己吓唬自己，原本并不难的事情，因为我们的胆怯让我们无法取得成功，这绝对称得上是得不偿失了，所以面对困难，我们应该有勇气、有必胜的决心。

一个经常出远门的人，不管是长途还是短途，即便是他没有买到坐票的情况下，他差不多也能找到坐的位置。其中的原因很简单，那就是他会顺着车厢一节一节地找过去。这个办法听起来一点也不聪明，可实际上却很管用。上车发现没有座位的时候，他就会从这一个车厢，走向下一个车厢，他甚至每次都做好了最坏的打算，即自己要找到最后一节车厢，可幸运的是，这种情况从未出现过。在他寻找空位的时候，一般有几节车厢人会非常多，连过道和两个车厢的连接处都是人挤人，但是走过这几节车厢后就会发现多余的空

Part 7
精进自定义：你的勇气价值百万

位，于是得以顺利地坐下休息，所以出远门对他来说并不算一件辛苦的事。

这个永远有座位的人，就是凭着自己的勇气，踏出了那一步，不用担心时间，也不害怕自己所做的都是无用功，他不过抱着一定能找到座位的心，就这样达成心愿的。远的不说，就是走过无数个车厢找座位这件事，我们大多数人都不见得能做到。因为我们望着自己身边那一群摩肩接踵的人，看着远处仿佛一眼看过去还是人的车厢，我们胆怯了，不管最后能不能找到坐的地方，就是单单穿过这么多人这件事，就让我们望而却步了，万一走了那么远还是没有座位呢？万一自己最后连脚下这块站的地方都没有了呢？我们总是有各种理由，看起来好像是车厢里人很多，但实际上我们就是被眼前的困境遮了眼。在遇到困难的时候也是这样，我们还没有去做，就先给自己找了无数个不做的理由，而且这些理由听起来还似乎挺靠谱的，于是我们可以轻而易举地原谅自己：不是我们不想做，是有别的事等着我。我们连迈出步子的勇气都没有，当然不可能取得成功，一个没有勇气面对困难的人，即便是近在门口的成功，也会失之交臂。

一家人门前有一块石头，说大不大，说小也不算小，几乎每次走这条路的人，都会被这个石头绊倒，儿子就问自己的父亲，怎么不把这块石头搬走，放在这里太不方便了，他父亲表示如果可以搬走，自己小时候就把它搬走了。儿子也就没有再问这个问题了，后来儿子长到了爷爷的辈分，有一次自己的儿媳妇气得不行，就说要把这块石头搬走，他用了同样的话回答。谁知儿媳妇是个倔脾气，她在一天早上提着水桶，拿着一把铁锹准备把那块石头弄出来，她

自制力
如何掌控自己的情绪和命运

甚至已经做好了要挖一天的准备，结果不到半小时的时间，这块石头就被挖出来了。原来石头并没有人想象中那么难挖，只是人觉得这是个比较浩大的工程，而且祖祖辈辈都是那么过来的，谁也没有想到原来石头只是看起来大，他们都被它的外表给骗了。

想成为一个有自制力的人并不容易，不仅要面对各种外在的诱惑，还必须面对自身存在的种种问题。面对困难的时候，谁都可以说放弃，因为放弃真的太容易了，这是什么努力都不用付出就能办到的，可我们之所以不肯放弃，不正是因为我们不甘心就此认输吗？只有敢于同困难做斗争的人，才能收获成功，有时我们眼前的困难只是看起来困难，不迈出那一步，就永远不会达到隐藏在困难背后的胜利。

【智慧屋】

大胆走过去

一个有自制力的人，会督促自己勇敢地做自己该做的事。没有谁的成功是轻而易举的，但是也没有必要把困难无限放大，这样不仅打击了自己的自信，还会让人变得怯懦。当面对困难的时候，我们要做的就是大胆地迎上去，或许成功就在触手可及的地方等着我们，而我们要做的，就是迈出脚步。

别被困难吓倒了

"不经一番寒彻骨，怎得梅花扑鼻香。"没有战胜过困难的人，是不会品尝到胜利的果实的。当一个人把自己放在安逸的环境下，看到问题就觉得害怕，遇到挫折就想放弃，就像温室里的花朵，根本接受不了暴风雨的考验。困难到底难不难，只有我们去经历了才知道，但是千万不能还没有打仗就认输了。

从哪里跌倒，就从哪里绝地反击

人的一生就像大海一样，时而平静，时而波涛汹涌，虽然也有不顺心的时候，但是我们的人生也正因如此才变得更加的精彩。人生没有波澜，就好像一潭死水，毫无生机。我们在成长的过程中会遇到困难，有的人坚定信念，最终战胜困难；有的人屡次失败后变得一蹶不振、整日消沉。其实对一个人来说，最可怕的不是失败，而是失败后从此倒地不起，再也站不起来。

伟大的发明家爱迪生，一生曾有过上千种发明，而在这么多的发明中，对人类影响最大的无疑是电灯了，因为电灯的存在，人们告别了煤油灯和蜡烛，人类由此迈进入一个崭新的时代。然而电灯的出现并不是一帆风顺的，刚开始科学家们发明了电弧灯，灯丝是由碳棒做的，但是这种灯对电的消耗很大、使用时间短、光线太强，另外还有造价高等缺点，因此没有被广泛地使用。鉴于结果，爱迪生在研究后准备发明一种光线适宜且寿命长的电灯。想要发明出这种电灯，关键就在于找到合适的灯丝，为此爱迪生实验了1600多种材料，用过碳条、金属丝、碳化的棉丝等，最后碳化的棉丝整整坚持了45个小时，不少人为此欢呼雀跃，但爱迪生并没有因此满足，他又实验了6000多种材料，最后决定用竹丝做灯泡的灯丝，这种灯

自制力
如何掌控自己的情绪和命运

泡持续不断地亮了 1200 个小时。

据说爱迪生在实验的时候失败了一千多次，对此有不少人嘲讽他，面对这些冷嘲热讽，他没有放弃、没有被打倒，始终坚信自己最终可以成功，而事实上，他也确实做到了，对他而言，前面那么多的失败不过是证明那些材料并不适合做灯丝罢了。为了找到合适的灯丝，他不断地失败，又不断地尝试，最终成功了。在爱迪生研究的基础上，后人又不断地改进技术，才有了现在各种各样长寿的灯，可以说在这一领域内，爱迪生绝对称得上是功不可没的，如果没有爱迪生不肯放弃的心，可能灯泡不会那么快进入寻常百姓家。"失败是成功之母"这句话谁都知道，但是大家往往在看到多次的失败后，就放弃了，原本应该是屡败屡战的，可是一再的失败让他们怀疑自己，毕竟失败的滋味很难受，所以就不肯再去尝试了。

一个本该健康成长的小女孩，却在 5 岁的时候患上了脊髓病，致使她胸部以下全部瘫痪，于是她的人生就此发生了翻天覆地的变化。让人难以相信的是，就是这样的一个小女孩，凭着自己对生活的热爱，她竟然开始了自学。这一过程无疑是痛苦的，是艰难的，可是不管多难，她都咬牙坚持下来了。由于不能进入校门，她就在家里学完了中学的课程，在她 15 岁的时候，跟随着父母去了乡下，给孩子们教书。她还在有空的时候自学了针灸术，免费为生病的人治疗，除此之外还学习了英语、德语和日语等外语。在她 28 岁那年，她又将注意力集中到了文学作品上，翻译了几十万字的英文小说，并参与编写了多本书籍，为社会做出了很大的贡献，她面对困难不屈不挠的精神和顽强的毅力，影响了无数的人，她就是获得无数荣誉的张海迪。虽然张海迪始终在轮椅上坐着，轮椅限制了她的

Part 7
精进自定义：你的勇气价值百万

行动，却限制不了她那颗跳动的心，面对苦难，她没有屈服、没有被打倒，而是凭着自己惊人的意志力，书写了一个又一个传奇。正如她曾经说过的那句名言："即使跌倒一百次，也要一百零一次地站起来。"她不仅仅是这样说的，而且也这样做了。

看看张海迪的故事，再反观我们自己，我们有着健康的身体，单单这一点就比她好得多，可是却没有几个人能像她那样优秀。可能人真的需要生活在逆境中才能更深刻地体会到幸福，顺境有时候会让人丧失斗志，而在逆境中，我们才会全神贯注，不让自己被潮水所击倒。如果张海迪在知道自己要坐轮椅的情况下，觉得人生无望，再也没有活下去的希望的时候，那么她早就离开了人世间，我们现在也就不会认识这么一个人了。名人之所以成为名人，并不见得他们有多么高超的智商或是多么强大的背景，最主要的原因是在他们遇到困难的时候，从不言弃。没有谁的人生是一帆风顺的，甚至他们面临的困难和挫折是我们一辈子都遇不到的，可是他们还是克服了。"吃得苦中苦，方为人上人"，既然命运给了他们一条布满荆棘的路，他们就用自己双手去拨开它们，用自己的双腿走出一条路。

大仲马的儿子小仲马不愿意生活在父亲的光环下，不愿意被人提到的时候是"大仲马的儿子"，想凭借自己的实力闯出属于自己的天地。他不肯借助父亲的名气，将自己写的小说寄送到出版社，但是都被出版社退回了，大仲马知道这件事后，心疼自己的儿子，告诉他其实只要在寄过去的作品上，附上一句话，说明自己是大仲马的儿子，情况就不会是现在的样子了，但是小仲马不肯这样做。在小仲马一次又一次地被退稿的时候，他并没有灰心，反而多次改变自己的笔名，继续创作。功夫不负苦心人，有一位资深编辑在看了

自制力
如何掌控自己的情绪和命运

小仲马的《茶花女》后被其文笔和构思深深地吸引了。由于这位编辑和大仲马十分相熟，所以在看到寄来的地址是大仲马的家时觉得十分不可思议，曾猜想过是他的另一个笔名，但是风格显然与之前的完全不同，当即去了大仲马家中，才解开了这个谜团。后来小仲马的作品也让他成为法国一名著名的作家，甚至有人提起大仲马的时候会说"这是小仲马的父亲。"

小仲马的成就很好地阐释了"青出于蓝而胜于蓝"这句话，一个明明可以靠着父亲的名气给自己带来方便的人，却偏要靠自己的才华让世界认识他，即便是在屡屡被退稿的时候，也不曾后悔过，在多次的失败后不断地提高自己，终于被人慧眼识金。最终要成功的人，无论中间遇到多少困难，都不会成为他们的绊脚石，反而给自己的成功添上了浓墨重彩的一笔。失败了不要紧，我们可以从哪里跌倒就从哪里爬起来，要知道失败的人不可怜，可怜的是因为失败而觉得人生无望的人。遇到困难的时候，我们每个人都面临过失败，可是只要我们坚持下去，从失败中也一样能得到经验，这会为我们将来的成功奠定一个良好的基础。

【智慧屋】

失败不可怕

林肯在当上美国总统前，他的一生都在遭遇各种失败，竞选几次失败几次，去经商依旧失败，可是那么多的失败，都没有将他打败，可见失败并不是件可怕的事，真正可怕的是我们多次失败后没有再站起来。不能经受暴风雨考验的花儿，永远不会看到风雨过后的彩虹。

Part 7
精进自定义：你的勇气价值百万

接受失败也需要勇气

已经失败了的事，我们需要接受，可是接受也是需要很大的勇气的。有人心高气傲，受不了打击，不肯承认自己的失败，最终走上了不归路，实在令人惋惜。当我们失败的时候，我们要做的是接受它，然后从失败中找出原因，积累经验，这样才能在下一次出现问题的时候，顺利地加以解决，避免二次失败。

你有勇气，体内才会有"洪荒之力"！

　　南朝周兴嗣曾撰写过一本启蒙儿童的读物《千字文》，作品开始写道："天地玄黄，宇宙洪荒。"传说在开天辟地的时候，世界发生过一次巨大的洪水，这一次灾难几乎摧毁了整个世界，有了我们现在说的"洪荒之力"。里约奥运会的时候，在被记者采访时中国游泳队队员傅园慧说自己没有保留，已经用上洪荒之力了，由于她夸张的表情和这句话，网友们迅速为其做了一个表情包，之后被人疯传，这时洪荒之力又一次走红，这里指的是人已经发挥出了自己最好的水平，付出最大的努力了。我们这里所说的洪荒之力，指的是一个人的勇气。面对我们不想去做，但又不得不做的事情时，我们很有可能消极地应对，即随便做一下，只要交差了就好，别的通通不管，这样的做法显然是不可取的。

　　有一个小女孩，自小父母对她就严格要求，他们对她抱有很大的期望，不管是在学业上还是在生活上，都不曾对她松懈过。小女孩始终很优秀，要说她有什么弱项，那绝对要数体育了，这个可是让她感到头疼的一个科目。小女孩12岁的时候，有一节体育课老师教了同学们跳水的基本要领后，要同学们都从跳板上往下跳。起初不少小孩子有些胆怯，毕竟3米的高度对小孩子们来说，是一个不小的挑战，有几个胆大的跳了之后，同学们都纷纷跳入了水中，最

Part 7
精进自定义：你的勇气价值百万

后全班同学做到了，只有这个小女孩还站在那里，始终不敢跨出那一步。周围的同学们都给她加油打气，老师也在鼓励她，不过因为快要下课了，小女孩已经浪费了太多时间，语气已经带上情绪了。小女孩颤抖地往前走了一小步，然后又走了一大步，伸出头往下看，恐惧得不行，甚至都流下了眼泪，就在同学们以为她不敢跳的时候，只见她眼睛一闭跳下去了，在她跳下去的时候，同学们纷纷为她鼓掌。她的好朋友问她，是怎么克服恐惧的，小女孩回答她想起了爸爸教诲过她的一句话："在困难的时候就算闭着眼也要向前走一步。"这次的跳水经历，在小女孩长大后给了她很多思考，后来她成为了德国历史上第一名女总理，她就是安格拉·多罗特娅·默克尔。

一个从小信念坚定的人，受到家庭教育的影响，靠跳水时勇敢迈出的那一步以及自身不断地学习，终于使自己取得了巨大的成功，成为了一名划时代的人物，德国历史上注定会留下她的身影。每个人都会面临恐惧，会面对各种未知的困难，我们害怕，想要退缩，这都是正常的反应，但是如果我们真的这样做了，就永远不会真正地成长。当我们鼓起勇气的时候，就是一个非常好的开端，为我们克服困难打下了坚定的基础，当我们有勇气迈出步子的时候，哪怕只是一小步，对我们来说就可能会看到一个全新的天地。有了勇气就相当于有了一半的把握克服困难，也会发现困难并非像我们想象中那么难，那么想出办法就是顺理成章的事，我们一定很乐意用最高效的方式解决这个问题。

孙叔敖6岁的时候出门玩耍，由于只顾沿途好玩，没有注意到自己跑到了后山中。后山里的草长得很高，忽然他听到草丛中传来一阵"沙沙"的声音。由于好奇心的驱使，孙叔敖循着声音扒开了

自制力
如何掌控自己的情绪和命运

草丛，结果出现在他眼前的居然是一条大蛇，而且这条蛇还是双头的。孙叔敖吓得连连后退，因为他曾听人说过，见过双头蛇的人都会死，所以想跑掉，谁知这声音惊动了大蛇。在绝望中孙叔敖觉得自己必然是难逃一死了，原本万念俱灰的他，忽然想到，与其被蛇吃掉，还不如拼死一搏，就是同归于尽了也是好的，这样蛇就不会有机会再害人了。想通了这个，孙叔敖觉得没那么害怕了，他眼疾手快地捡起一块大石头，朝着蛇扔去，谁知那蛇虽有双头，却也十分灵活没有被石头砸中。孙叔敖并不灰心，重新捡了一块石头后，看准了其中一个蛇头，将石头狠狠地扔了过去，这一次蛇没有再躲过去。被砸中的蛇身痛苦不已，身子在地上打滚。趁着这个好机会，孙叔敖用石头砸了另一个蛇头，求生的欲望让他一下又一下使劲，直到蛇头被他砸得看不出样子，他才停下来。为了不让路过的人被这条蛇吓到，孙叔敖又挖了个坑，费了好大劲把蛇埋了进去，还在上面压了石头，做完这一切才回了家。回到家后孙叔敖以为自己要死了，就哭着和母亲诉说自己活不成了，在母亲的教导下他才知道原来自己不会死，然后才给母亲讲了自己杀死蛇的过程。之后这件事被人传开，大家纷纷说孙叔敖将来必有作为，后来楚庄王能称霸南方他也功不可没。

  人一旦有了勇气，面对困难的时候，往往就会迸发出巨大的潜力，关键的时候甚至能救人性命，所以勇气的力量不可小觑。正是因为人有了勇气，面对困难的时候，才会无所畏惧，最后才能收获成功。蝴蝶倘若没有勇气从蚕蛹中出来，它就不会破茧成蝶；雄鹰如果没有勇气飞翔，它就永远无法在天空中翱翔。人们时常抱怨自己运气不好，却从来不去想，其实幸运女神已经降临过了，只是人不敢去抓住机会，总是担心自己会失败，机会就这样在各种担心中

Part 7
精进自定义：你的勇气价值百万

溜走了。一个没有勇气的人，永远也做不了大事，日子一天天过去，这种人心里不会快乐，他们觉得别人运气好所以会成功，把自己的失败归咎于运气差，殊不知上天已经给过无数次机会了，只是他们没有珍惜。

不管是我们的生活、学习甚至是人际交往，都是需要勇气的，没有勇气，我们就会失去很多机会，小的时候是班干部的竞选机会，之后是成为学校名校友的机会，再然后是喜欢的人成为别人男女朋友的机会，还有升职加薪的机会，等等。这样的机会太多了，因为害怕失败不敢去尝试，总是告诉自己再等等，然后丢了这个也失了那个，要知道，这世上的很多东西都是经不起等待的，别等到错过了才后悔，那时候为时已晚了。

【智慧屋】

没有勇气也就错过了成功

机会曾在我们面前，不敢伸手抓住机会的人，机会也不会给他等待的时间，所以它转眼就去到了下个人身边。一瞬间的事情，可能就决定了一个人的未来，所以别让幸运女神溜走，她不一定会再来第二次。

别控制自己的勇气

明明该出手的时候，因为自己的犹豫不决，让原本能完成的事情没能完成，不但打击了自己的自信心，而且还成了别人的笑柄。面对困难的时候，当一个人有了勇气，就好像手握利剑，眼前的困难都可以用它斩断，而胜利就在路的那一段等待，全世界都会为之让路的。

自制力
如何掌控自己的情绪和命运

那些勇往直前的人，最后都怎么样了？

　　大概每个人小时候，心中都有着各种各样的梦想，我们曾想过长大以后要成为一名光荣的人民教师，要成为一名伟大的科学家，要成为一名优秀的作家。随着年龄的增长，我们的梦想却在悄悄地发生着改变，越来越多的人忘记了自己当初的梦想，或者是他们依旧记得，只是没有去实现了。人们愿意和别人高谈阔论自己的梦想，但却不肯付出时间和精力去实现梦想，名人之所以成功，而普通人却永远是普通人，其中的区别大抵就是如此了。人们不愿做，这里面的原因有很多，包括内在的、外在的，而比较重要的还是内在原因，也就是自身的问题，通常都是因为缺乏勇气和行动力。这两点也同样能体现出一个人的自制力，自制力好的人对自己充满信心，清楚地知道自己要做的事；而自制力差的人，就会给自己找不敢去做、懒得动等诸多借口。

　　做很多事情都需要我们有勇气，只有鼓起勇气，人才能有力量，有了力量就有了面对一切的心，就能不怕困难，在挫折中奋力前行。沙漠中那么糟糕的环境下，仙人掌依旧能够努力地生长，让自己变得强壮，只有求生的勇气，才给了它们活下去的理由。我们不能成功，不是因为我们比别人差，也不是因为我们没有机会，只是因为我们比别人缺了那一点勇气罢了。一个人有了勇气，就会变得勇敢，

Part 7
精进自定义：你的勇气价值百万

不会再害怕自己曾恐惧过的东西，再加上付出行动，成功自然是指日可待的事了。

几年前的春晚中，有一名叫刘谦的魔术师火了。他的魔术和名字，一瞬间红遍了网络。但是很少有人知道他背后的故事。刘谦小的时候就对魔术有着非常深的热爱，他用父母给自己的零花钱，省吃俭用攒了好长时间，买下了自己的第一个魔术道具。上课的时候刘谦在练习魔术，结果硬币不小心掉地上了，被老师发现后气得没收了他的所有硬币，他和老师说自己要成为一名魔术师，结果引来全班同学的哈哈大笑。刘谦回家委屈地向父亲哭诉了这件事，谁知父亲也极力反对。但是刘谦并没有因此放弃魔术，虽然身边的人都说他疯了，可是他依旧醉心于魔术。一次他在讲台上大声说出自己离成为魔术师的梦想又近了一步，同学们依旧笑话他，接着他开始表演魔术，表演完后，全班同学都对他刮目相看，这件事也震惊了学校。后来凭借着自己对魔术的喜爱和执着追求，刘谦终于成为了一名优秀的魔术师，实现了自己的梦想。

鲁迅先生曾说过："真正的勇士敢于直面惨淡的人生，敢于正视淋漓的鲜血。"一个有勇气的人，面对困难时不会退缩，即便处境再难，也能想方设法解决问题。刘谦之所以能成功，除了自己对魔术的热爱之外，还有他坚定不移的信心支撑着他，面对同学们的嘲笑和家人的责难，他始终没有因此放弃自己的梦想，小小年纪的他就凭着自己的勇气，一步一个脚印，终于让越来越多的人认可他。假如他因为别人的嘲讽，就放弃了魔术，他也许会在别的方面成功，可他将于魔术这一领域永远地说再见，这有可能就会成为他心中的一大遗憾。

自制力
如何掌控自己的情绪和命运

一个小男孩,由于从小受到家庭的熏陶,小小年纪便对音乐产生了浓厚的兴趣,事实上他不但对音乐有着天赋,而且加上自己的勤奋学习,使得他小小年纪,便有了一番成就,他也始终坚信自己会成为一名优秀的指挥家。在一次比赛中,他按照评委给的乐谱开始指挥,很快他就发现了演奏有问题,起初他以为是乐队出错了,所以重新指挥他们演奏。可是这一次他的感觉还是不对,所以他向评委提出了是乐谱有问题。但是在场的评委们和一些权威人士斩钉截铁地告诉他乐谱不会存在问题。小男孩想如果乐谱有错,怎么前面指挥的人没有提出来,但是乐谱的确是错的啊,经过认真思考后,他依旧坚持自己的意见,这时却见评委们纷纷站起来,为他鼓掌,原来这是他们的"圈套"。来参加比赛的人都是有着高水平的指挥家,在小男孩之前也有人发现乐谱有问题,有的人不敢说,有的人害怕说了被评委斥责,只有小男孩坚持自己的想法,毫无疑问他成了比赛的冠军,他就是著名的交响乐家小泽征尔。

面对权威人士的"义正词严",有几个人会坚定自己的想法,不委屈自己附和别人?我们必须承认,这样的人不会很多,而通常对自己有自信的人,还是会坚持自己的意见。小泽征尔无疑是勇敢的,他先从乐队身上找问题,所以要求重新指挥,当他发现依旧不对的时候,就把目光放在了乐谱上,可是面对那么多的权威人士,他们都说乐谱绝对不会出错,那么问题到底出在哪里?前面的人没有提出来,是他们没有发现还是他们发现了不敢说?幸运的是,最后关头,他还是勇敢地说出:"是乐谱错了!"正是因为他的勇敢,面对权威的施压,坚定自己,才能最后夺得冠军。一个优秀的指挥家,不应该是只会指挥的,面对困难,他们更应该相信自己,不被眼前

Part 7
精进自定义：你的勇气价值百万

的东西迷惑了双眼。

勇气的力量很强大，它能引导一个人走向成功，能让人坚信自己是对的，能让人始终坚持自己喜爱的事。但是不是所有时候都需要我们有勇气的，不经大脑的行动不是有勇气，而是没有理智，一个没有理智的人，会做出一些让自己和他人后悔的事。另外有勇无谋也是不行的，这就像是一个愣头青，头脑简单、四肢发达，做事容易不计后果，时常因为考虑不周而失败。人有时候，没有太多的时间思考，他们不得不在一段时间里做出决定，而这个决定就会起到很重要的作用，选对了可能今后的日子就会很顺，选错了或许会失去很多东西。翻看古今那些成功者，他们都是有魄力、有勇气的，在他们做出决定前，就已经想好了所有可能会发生的事情，他们敢那样做，就不怕承担后果，虽然他们不见得一次就成功，但是即便是失败了，他们也依旧会让自己成功。而那些安于现状、怕东怕西的人，只能永远羡慕别人，然后就这样结束了自己的一生。

【智慧屋】

有勇气，就有信心

当我们能拥有勇气，其实就已经给了自己最大的鼓励，有了它，我们在面对困难的时候，都不会害怕，因为我们心中清楚：自己一定能战胜它们。就是这样坚定的信念，带着我们走向一个又一个成功。

勇气是一种力量

人们常说成大事者一定要有魄力，而这个魄力其实就是我

自制力
如何掌控自己的情绪和命运

> 们所说的勇气，做决定要有坚定的勇气，做错事要有勇于承担的勇气，为梦想要有坚持不懈的勇气等等。可以说我们做什么事，都离不开勇气的支持，当我们有了它，也仿佛有了一种力量，它能帮助我们在黑暗中克服恐惧，战胜困难，赢得成功。

赌一把，大不了重新来过

有很多人喜欢赌博，因为这让他们感到快乐，把自己拥有的少量东西押上赌桌，然后凭着运气和头脑，在赌桌上赢了更多的东西，赢了的还想赢，输了的想翻本，所以一旦沾上了这东西，几乎没有人能抽身。有人说人生也是一场赌博，但是这个赌也是有技巧的，绝不是不管不顾地把自己的全部都压上，只有手里有几分把握的时候，才能这么做，否则就只能落得"赔了夫人又折兵"的下场。当一个机会摆在你面前，你把握了就会成功，不把握可能这一辈子都不会再遇见，这时候是勇敢伸手还是看它溜走？

一天晚上乾隆皇帝发现御道常年未修，很多地方都变得不平整了，看起来实在是有损皇家的颜面，所以准备叫人整修一下。乾隆就把这件事交给了当时最得宠的臣子之一和珅来办了。和珅是个贪婪的人，想从这笔工程中捞一笔油水，几天后就告诉皇上这个项目工程浩大，费用算下来的话一共需要十万两白银，乾隆当即批准。和珅找了工匠，命令他们日夜兼程地干，最后竟然一个月就完成了。乾隆看过御道后，在朝堂上对和珅大加赞赏，还赏了他一万两白银，顺便官升一职。刘墉也是皇上的一名宠臣，他发现和珅只是把御道下面的砖石翻到了上面，并没有真的整修，便想把这件事告诉皇上。于是在上朝的时候，他趁别人不注意，把自己的官服故意穿反，这

自制力
如何掌控自己的情绪和命运

在当时是要被论罪的，皇上没有冲动，问清事实后才发现自己被和珅骗了，刘墉这样是在给自己提醒。最后和珅不但把私吞的钱和皇上的赏赐都上缴国库了，而且还要自掏腰包，御道按原来的方案建造，和珅吃了亏但只能认栽。

刘墉虽然也是一名大臣，但是他在皇上心中的地位，显然比不上和珅，他在发现和珅贪污之后，还是义正词严地说出了这一事实，如果刘墉因为害怕和珅的报复，就不敢说话，那么皇上可能永远也不会发现这件事，正是因为刘墉的勇气，所以他在面对和珅时，敢于说真话，这一行为值得他人学习。和刘墉一样的还有人们常说的"包青天"。

"包青天"这个称呼，是老百姓们给起的，他的原名是包拯，他二十八岁考上进士，便开始做官。他在某地做官之前，曾听说当地的百姓怨声载道，因为那些官员为了让自己有个好前途，硬是向百姓们强制性征税，征税的价格比之前多了几倍甚至是几十倍，他们还让工人们大批量地生产端砚，以此贿赂自己的上级。包拯上任后，立即下令限制砚台的数量，官员们不得私自生产，有人顶风作案，包拯知道后对其严惩。后来包拯在当地做了三年的官，临走的时候，也没有拿过一方砚台。在京城做官的时候，包拯发现皇亲国戚们多会靠着自己的权力，给身边的亲人带来各种便利。皇宫里有一位贵妃，深受皇上喜爱，是朝中一位大官的侄女，这位大官借着侄女给皇上吹枕边风，让皇上给自己安排了好几个重要的职位。包拯经过调查，发现这个大官并没有那么多的才能，也担当不了重任，于是给皇上呈了五道折子，要求皇上罢免他，甚至还为此事，在大殿上和皇上吵了起来，最终皇上同意了他的提议。在他眼里"天子犯法

Part 7
精进自定义：你的勇气价值百万

与庶民同罪"，即便是皇亲国戚，犯了错包拯也绝不姑息，于是被人称为铁面无私的包青天。

包拯一心为民，他一生清廉刚直，面对权贵他不低头，勇于同恶势力做斗争，成为百姓们心中的包青天。不说别的，单单是他在朝廷上公然和皇帝争辩，只是为了让皇帝罢免不该身居高位的大官，这件事就没有几个臣子敢做，因为他们怕自己说了会给自己招来杀身之祸，反正和自己也没有多大关系，但是包拯就敢说，他的目的就是希望最大程度地为老百姓办事，一个这样正直无私的人，又怎么会不受到人们的爱戴。

一位国王由于没有继承人，为了让自己的国家能继续沿存下去，他决定在百姓中找一个孩子继承他的位置。经过精挑细选，有一些孩子被送到了国王面前。国王给每个孩子一粒种子，告诉他们一个时间，这段时间足够让他们种出花朵。后来日子到了，几乎所有的小孩子都捧着花盆来到王宫，他们花盆中的花一朵比一朵还要漂亮，唯有一个孩子，他手里捧着的花盆没有花朵，这在一群孩子中间显得十分扎眼。国王立即召见了他，把剩下的孩子送出了王宫，最后的继承人自然就是这个孩子。原因很简单，国王给孩子们的种子都是煮熟的，自然不可能种出花来。

这个孩子无疑是幸运的，因为他小小年纪便可以继承一个国家，可他同样是有勇气的，如果没有勇气，他也不可能带着没有花的花盆进到王宫里了，这样一来，他也就错失了当上继承人的机会。可能有的孩子看自己的种子不会发芽，便心急了，眼看着时间一天天过去，总不能带着空花盆去吧，为了能继承王位，他们只好赌一把。

自制力
如何掌控自己的情绪和命运

那个孩子可能也在赌,但是这一场赌局,他终究是胜利了。

生命中我们会面对各种挑战,有时候我们要有破釜沉舟的勇气,让自己没有后路,就不会再退缩了,因为只剩下眼前的这一条路能走了。而就像人们常说的:"困难就像弹簧,你弱它就强。"反过来当我们拥有了战胜一切的勇气,困难自然就会变弱,风雨过后天空中才会出现美丽的彩虹,所以我们应该有勇气去面对一切,而不是畏首畏尾,什么都不敢做。对于正确的事,我们心中可能还不是那么确定自己能做到,但是我们有勇气面对这一场赌博,索性就放手一搏,或许事情的发展会出乎我们的意料,或许我们还是失败了,但是即便失败了也没关系,因为至少我们可以问心无愧地对自己说:"我不后悔。"最坏不过是失去身外之物,但是我们同时还得到了经验教训,就当是花钱给自己上课了。不敢去做的事和做了没能成功的事相比,前者会让人更加遗憾,所以不要给自己留遗憾。李白说:"天生我材必有用,千金散尽还复来。"所以不要怕,放手去做,可能会让自己收获一个美好的结果。

【智慧屋】

畏首畏尾还是迎难而上

"初生牛犊不怕虎"。小牛不怕老虎,但是成年牛会怕,小牛有勇气,它就有了战胜一切的信心,它们不会管那么多。人有时候也是小牛犊,一旦有了勇气,就变得无所畏惧,而有的人却迟迟不肯行动,只能眼睁睁地看着别人越过越好,这就是两种人的区别。

放手去做吧,勇气会指引你

人的勇气是一种宝贵的东西,它会在某些时候,给人以力

Part 7 精进自定义：你的勇气价值百万

量，照亮人前行的道路。如果人生就是不断地博弈，那么拥有勇气的人就会在赌桌上获得成功，即便会输，但他们最终还是会赢回来。不敢放手去做的人，注定将一事无成。

丢了什么，也别丢了前行的力量

奥斯特洛夫斯基曾说过："勇敢产生在斗争中，勇气是在每天对困难的顽强抵抗中养成的。我们青年的箴言就是勇敢、顽强、坚定，就是排除一切障碍。"我们有理由相信，当一个人有了勇气，就有了战胜一切的决心，很多事情不是人们做不到，而是始终不敢鼓起勇气做。无论处境多难，有的人还是咬牙坚持，因为他们有勇气，他们相信自己，所以最后他们的确成功了；而有的人受了一点挫折，就说自己运气差、时机不好，他们总能把这一切失败都归咎于外界上面，却从来不会从自己身上找原因。两者相比，前者显然是有着成就的人，而后者通常都是碌碌无为的庸人。

英国有一位叫阿利斯泰尔·霍奇森的人，他是一个了不起的人。十九岁的时候，他便提前结束了自己的大学生涯，报名参军，成了一名伞兵。不幸的是在一次拆除炸弹的行动里，他不小心引爆了炸弹，他的身体里留下了无数的弹片，而且从膝盖往下皮肤全烂了。目睹了这样的自己，他痛苦万分，再也不想活下去，便请求自己的战友把他杀了。战友没有听他的，只是迅速地帮他包扎，并在最短的时间里将他送进医院。他自然是活下来了，只是他的下半身伤得太严重，只能截肢了。截肢后的几年，他一直在做手术，安装了假肢。虽然命运对他不好，但是他并没有埋怨，反而积极地适应假肢，

Part 7
精进自定义：你的勇气价值百万

在习惯了之后，便开始了各种活动，如爬山、滑雪等。当然他最后依旧选择了自己最熟悉的跳伞。也因为跳伞，他认识了一个同样爱跳伞的姑娘，这个姑娘最后成了他的妻子。随后他们参加各种比赛并赢得了奖励。

原本他大好的年华，却因为意外让自己失去了双腿，这种痛苦，有几个人能承受得了。霍奇森受伤的时候年纪还小，这种事对他来说绝对是晴天霹雳，所以他想了结这种日子，结束自己的生命。好在他的战友对他不离不弃，而且在他截肢后不断地鼓励他，终于让他慢慢地拾起勇气，也有信心面对未来。在有了假肢之后，他仍旧没有放弃对跳伞的喜爱，对他而言，那种感觉是自由的、是快乐的。他还告诉那些和他一样有不幸遭遇的人，可怕的并不是截肢，而是没有了活下去的勇气，只要有勇气，就有坚持下去的心，就一定会在将来重新站起来。当不幸降临到人的身上，人该做的不是怨天尤人，因为这一点用也没有；也不是自暴自弃，因为这会让事情变得越来越糟糕。可以消沉，但不可以一直消沉，要知道当一个人有勇气面对一切的时候，身体里就会迸发出不可思议的力量，它能让人战胜困难，甚至获得自己从未想过的成功。所以不要恐惧，只要我们有必胜的决心，就一定会在某个时刻拥有属于我们的荣耀与辉煌。

有一个年轻人酷爱写作，原本他所学的专业和写作一点关系也没有，但他还是踏上了写作这条路。他曾花了很多心血写下自己的一本小说，但是他的小说寄给出版社之后，却总是被退稿。有一次他刚要出门，邮差正好递给他一份邮件，感觉到自己手里的邮件沉甸甸的分量，年轻人顿时有了不好的感觉，因为他每次收到这样的邮件，都是因为出版社不肯接受他的小说，这是出版社退回来的稿

自制力
如何掌控自己的情绪和命运

子,他拆开邮件发现里面有一张纸条,上面依旧是拒绝他的话。年轻人的小说已经寄给十几家出版社了,可是每次满心欢喜地寄过去,得到的回复都是一样的,没有出版社愿意出版他的小说。这一次还是失望,年轻人心理素质再好,也快承受不住这接二连三的打击了。他想自己不过是个名不见经传的小人物,如果自己是名人的话,小说一定早就出版了,他很生气,也很难过,看着手中的稿子,他暗下决心再也不写了,然后走向了壁炉,准备把它们烧了,妻子看到后眼疾手快地把稿子抢了过来。还安慰他,让他不要灰心,再试一次,说不定下次就能成功。年轻人听了妻子的话,又去了一家出版社碰运气,这一次出版社读了他的小说后当即表示要出版这本书,并且还和年轻人签订了二十年的合约,这个年轻人就是法国著名的作家儒勒·凡尔纳。

凡尔纳是幸运的,因为在他失望了那么多次后,他的妻子一如既往地相信他,还用自己的耐心开导他,这才使他重拾勇气,再一次向出版社迈出了脚步,这一次,他成功了,可以说没有他妻子的鼓励,凡尔纳可能不会成为作家。另外凡尔纳本人就是一块璞玉,同意给他出书的出版商就是识货的人。这种种因素结合在一起,我们才有机会拜读这么优秀的作品,如果这本书没有出版,我们就会失去这宝贵的财富。当我们遭到了接二连三失败的时候,大概也会怀疑自己,觉得自己不会成功了,然后生出了想放弃的心,人与人的差别就在这个时候出现了,有的人很幸运,遇到了鼓励自己的人,所以又重新鼓起勇气,重新开始,他们后来也成功了;而有的人却没有这样的贵人相助,往往就不再坚持了。我们不断地失败,自信心就会不断地遭受打击,精神上也会有很大的压力,如果自己不能很好的排解这种痛苦,积攒在心中不但对自己的心理造成伤害,人

Part 7
精进自定义：你的勇气价值百万

的身体也必然会受到影响，所以如果自己不能解决的话，我们可以向他人求助，和他人合作的效果比单打独斗效果要好得多。

当我们觉得自己不行的时候，别灰心、别放弃，再坚持一下、再尝试一次，可能就会发现一个新的世界。再说"失败是成功之母"，所以人失败是再普通不过的事情，不要因此否定自己，更不能失去战胜困难的勇气。一个朝着自己目标，勇敢地、坚定不移地走下去的人，必然是一个有毅力的人，他心里清楚自己该做的事，无论如何都不能放弃；而不该做的，也根本不会浪费时间，这样的人，又怎么可能不成功。

【智慧屋】

不灰心、不丧气

突如其来的意外、三番五次的打击、各种各样的失败，当无数的挫折向人涌来，人应该持有"塞翁失马，焉知非福"的心态，调整好自己的状态，不要被一时的困难吓倒，只要人有勇气、有行动力，就会在不久的将来看到希望，那时候成功的果实就是异常甜美的。

坚持就是胜利

失败的滋味总是难受的，没有任何人愿意品尝，但是几乎每个人都会尝到这种滋味。当我们觉得自己明明已经很努力，却还是看不到曙光的时候，就容易产生自暴自弃、破罐子破摔的心理，但是请给自己个机会，再坚持一下，相信我们会有否极泰来的那天，不到最后时刻，别轻言放弃。

PART 8

疗愈与暗示:
告诉自己,你一样可以有高层次的人生

每个成功人士成功前都曾对自己抱有必胜的信心,遇到困难的时候,他们在心底里说一定会想到办法,而在成功后他们也会很快重新出发,他们说这只是达成了一个目标。给自己积极的心理暗示,会发现自己身上存在着巨大的潜力,它会激励着我们不断取得成功。

Part 8
疗愈与暗示：告诉自己，你一样可以有高层次的人生

那个"未知"的你最强大！

每个人生活在这世上都不是一个独立的个体，在与外界联系的过程中，我们或多或少都会受到一些影响，人的心理是一种不稳定的状态，时刻都可能发生着改变，除了自己，外界的任何事也会让人产生改变。虽说"江山易改本性难移"，人的性格不容易改变，但是人的心理却比较容易改变，因为人的心理具有受暗示性，这是人的一种能力，是在漫长的进化过程中演变而来的。心理暗示有强弱之说，但是最终的效果怎样是因人而异的，这是人们不能控制的，我们每个人都在受着心理暗示。人的潜意识力量非常强大，早在中世纪的时候，人们就知道了这一点，但同时这也是人类尚未完全了解的领域，可是它的力量没有任何人会否认。

有一个小男孩上小学的时候很调皮，他所在的学校里，学生们也没有几个是好好学习的，他们中的大部分，不听老师讲课，打架、互相斗殴的事时有发生，学校的老师对这群学生也无计可施。这个学校的新任校长发现，学生们大多很迷信，所以他上课的时候，会给学生看手相，学生们对此都感到非常新奇，也喜欢让他给自己看。小男孩也找到了校长，让他给自己看手相，校长看过了他的手之后对他说："你的小拇指这么长，将来一定会成为纽约的州长的。"小男孩十分吃惊，但是他还是牢牢地记住了这句话，并且在随后的日

自制力
如何掌控自己的情绪和命运

子里，有了很大的改变，之后的几十年他都以州长的标准严格要求自己，终于在他51的时候，顺利当选为纽约的州长，他就是纽约第53任州长罗杰·罗尔斯。

孩子在成长的过程中，对其影响最大的就是学校和家庭，对于低年级的学生来说，他们本来就缺乏自制力，也缺乏明辨是非的能力，所以才需要对其教育。孩子本身具有很大的可塑性，当我们对其抱有信心，暗示其将来必有出息时，他们自己就会受到鼓励，进而不断地改变自己，让自己变得更好。原本可能一辈子平凡的罗尔斯，因为受到了校长的暗示，便开始纠正自己错误的行为，不再说脏话，走路时昂首挺胸，可见对一个人积极的心理暗示，会激发出人的潜力，引导人走向成功。心理暗示听起来是一件非常神奇的事，但其实这里面存在着一定的道理，一个人受到了某种暗示，就会在潜意识中对自己有一个定位，而为了达到这个定位，人们会改变自身的状况，如情绪、行为、意志等，通过这些改变，让自己越来越接近那个定位，并最终实现那个定位。

在美国的一个地方有个工厂，工厂里的工人们每天看起来都是一副死气沉沉的样子，做事效率低、情绪也不高。工厂的老板十分担心，觉得自己必须想办法解决这个问题，不能让他们继续这样下去。老板请教了不少人，也采取了不少措施，但是收效甚微。最后请到了一位专家，这位专家了解到这些工人大多数都是从农村招聘来的，而他们喜欢在田地里干活，因为那让他们觉得很自在，抬头就能望到天，还能呼吸到新鲜的空气，而在车间里，他们觉得自己呼吸不到新鲜的空气，觉得这里太闷了，然后他们就产生了心慌、胸闷等问题，这样一来工作效率自然提不上去。知晓了这些情况后，

Part 8

疗愈与暗示：告诉自己，你一样可以有高层次的人生

专家告诉老板，只要在车间的窗户上系上丝带就能解决这一问题，老板虽然半信半疑，但还是照做了。没多久，他就发现工人们变得开心多了，每天都有欢声笑语，工作效率也越来越高。

给窗户系上丝带，每当有风刮过来的时候，丝带就会随风飘扬，工人们一看，感觉自己呼吸到了新鲜空气，这就和他们在农田里干活是一样的，只不过是换了个地方罢了，所以他们很快就好了。心情一好，自然干什么事都有劲，工厂也因此变得蒸蒸日上。风其实一直都有，只是在车间工作的人看不到，一条小小的丝带，却能让他们"看到""摸到"，有了这个暗示，问题自然就迎刃而解了。我们对自己说："我能行，我可以办到。"然后一个人就真的做到了、成功了，这绝不是一句简单的空话，这是一种积极的暗示，当我们说出这句话的时候，自己的大脑就会接受这个指令，然后指导人们的行为，使人越来越靠近目标，所以想成功绝不是随口说说就能成功的，我们要做的是行动起来，动用各种力量去实现它。

或许我们曾读过这样一个故事：一个生病的人觉得自己马上就会死去。由于正值秋末，窗外的叶子一片片地落下，病人看着这一切就好像看着自己的生命正一点点地流失，他说："等窗外最后一片叶子落下的时候，我就会死掉了。"一位画家得知了这件事，就画了一片树叶，病人看着这一片树叶，觉得他的生命也要走到尽头了。可是直到冬天过去，春天来了，树叶还是好好地待在树上，没有落下来，而病人的病也已经痊愈了。后来他才知道这是一片假的树叶。一片小小的树叶，还是一片假的树叶就能给人这么大的力量，支撑着人活下去，如果没有这片假树叶，病人或许看不到春天了。他在自己都不知道的情况下，把自己生的希望寄托到了最后一片树叶身上，这就是一种暗示，树叶始终没有落，他的生命也没有结束，暗

自制力
如何掌控自己的情绪和命运

示的力量有多强大，由此可见一斑。心理暗示对人的影响是存在的，其效果却不会仅靠暗示得到，是语言、文字、行为等影响了人的大脑，大脑又对身体发出命令，当人完成了某件事时，这种情绪又反过来印证了暗示的力量，可以说是多种因素综合影响一个人的，它们是一种循环，这就印证了一句话："说你行，你就行，不行也行。"暗示还可以让人有意志力，可以让人有自制力，自制力对人有多重要，我们前面已经说过无数次了，所以千万不可小看暗示，只要我们好好地开发、利用它，我们也一样可以成为一个有自制力的人。

【智慧屋】

给自己心理暗示

当我们面临挫折和困境的时候，不妨给自己一些心理暗示，告诉自己一些肯定的、鼓励的话，这样我们就容易产生信心，战胜它们。先从心理上给自己减轻压力，然后人就感到浑身轻松，在头脑理智的情况下，人会想出各种各样的方法让自己成功，所以觉得做不下去的时候，不要忘了还有这种好措施可以帮助你。

我做得到

在情况允许的条件下，人的一切想法都是有可能实现的，只要我们对自己有充分的信心，对成功有着强烈的愿望，我们就会无惧各种挑战，反而乐在其中，因为我们知道这些不过是我们成功之前的小插曲，只要我们解决了这些插曲，成功就是唾手可得的了。

挖掘出心底的冰山

通常情况下，心理学上将人的心理暗示分为自我暗示与他暗示。由于人们的习惯问题，生活中提到的自我暗示，其实就是他暗示。说到自我暗示，就不得不提到潜意识。奥地利精神病医师、心理学家弗洛伊德最早提出潜意识这一概念，他将人的心理分为意识、前意识和潜意识。潜意识存在于人的头脑中并未被开发，而这一部分的潜力也是无限的。当我们受到暗示的时候，其实也就是人的意识对潜意识的不断暗示、强化，这使得潜意识接受这一思想，又反过来影响人的意识，从而使人做出符合期望的事情，进而取得成功。

金·凯瑞是一位知名演员，他很小的时候就对演戏这件事非常钟爱，所以自小便给自己树立了远大的志向，将来要成为一名优秀的演员。由于金·凯瑞的母亲身体一直不太好，所以他时常会做出一些夸张的表情和肢体动作，希望能让母亲开心一些。在他十三岁的时候，父亲因为做生意失败，几乎赔上了家里的所有钱，一家人的生活变得十分艰难。在这种情况下，金·凯瑞只好辍学打工，给家里减轻负担。但是他却从未放弃过表演，他每天都会对着镜子练习，做出各种夸张的表情。金·凯瑞拿出了一张空白的支票，他在上面写下了一些话，内容是他会在1995年年底之前，得到1000万美元现金，开出了这张支票后，他隔三差五就会拿出来看看它。凭

自制力
如何掌控自己的情绪和命运

借自己不断地努力，他真的在 1995 年的时候签订了一份合同，参演一部电影，而价格是 2000 万美元，甚至比他当初定下的目标多得多。之后他把那张空白的支票放在了父亲的墓前，并向父亲分享了这份喜悦。

为了实现自己的明星梦，每天不断地练习，拿出空白支票激励自己，给自己暗示。

人在遇到不顺心事的情况下，容易产生"要是这件事能解决就好了"的想法，然后这件事可能就真的在不久之后就解决了。有了暗示，它就会让人注意到某方面，追求某样事物，做某件事，所以人的思想、行为也因此受到影响、发生改变。暗示有时候会让人产生错觉。三国时曹操为了激励士兵们在烈日下前行，就告诉士兵们前方有梅林，只要走过去就能吃到梅子，士兵们听了精神振奋了起来，朝着梅林出发了。这就是著名的"望梅止渴"的故事。曹操说出前方有梅林，这就是一种语言暗示，士兵们一听有梅子可以解渴，眼前就仿佛出现了酸甜的梅子，由于吃过梅子，所以吃梅子的感觉就一直留在人们过去的记忆中。因为受到了暗示，人们又回味起梅子的酸甜，然后产生条件反射分泌唾液，在短时间内解决了口干这一问题。事实上是，士兵们最后也没有吃到梅子，但是他们找到了水源，效果是一样的。由此可见，暗示对人的影响是巨大的。比赛没有开始的时候，纵然参赛选手在上场之前已经做了无数次的演习，也已经有了充分的准备，但是心理上还是会产生紧张感，这是很多人都无法避免的问题，一些教练往往会告诉选手们，让他们按照平时的水平发挥就好，不用太在意比赛，结果这些人在比赛的时候，普遍都发挥出了很高的水平，甚至远远超过了平常的水平；而那些听到"不要紧张、放轻松"这类话的人，心理上却更加紧张，担心

Part 8
疗愈与暗示：告诉自己，你一样可以有高层次的人生

自己出错，然后上台的时候也没能发挥出正常水平，这就和暗示以及个人的心理素质相关了。有的暗示能让人控制自己的思维，让自己的情绪处在一种积极的状态，本人的心理也受到影响，进而减轻紧张感，发挥出高水平；而有的心理素质不好的，受了暗示更加紧张。有的人平时考试成绩名列前茅，但是遇到重大考试的时候反而名落孙山，也是这个道理。

【智慧屋】

潜意识可以助你成功

马克·吐温有这样一句名言："我这一生不曾工作过，我的幽默和伟大的著作都来自于潜意识心智无穷尽的宝藏。"可见潜意识对他的影响是深远的，其实不只是他，潜意识与我们每个人都息息相关，当我们动用潜意识的力量的时候，它就会指引我们行动，让我们一步步实现自己的理想。

你的心理态度，决定了人生高度

一般而言，正面的心理暗示会起到积极作用，负面的心理暗示会起到消极的作用，但这并不是绝对的。不管我们是否愿意，我们每个人都在受到暗示，这暗示有时来源于他人，有时来源于自己，有意也好、无意也罢，我们既不能避免，也无法抗拒。我们已经对心理暗示有了一定了解，它能给我们带来一些积极的影响，但是有时候它也有消极的影响。任何事物都存在着两面性，看到积极的那一面会给你带来积极的暗示，就有很大的可能让人心情愉快，而看到消极的那一面则会轻易地破坏自己的好心情。

在一次大型的比赛上，一位跳高运动员正在做准备，他的目标是赢得冠军。运动员的教练告诉他，只要跳多两厘米，就能得到房子，最后的结果是：没有房子。无独有偶，一位原本受了伤的跳水运动员面临着同样的挑战，但是他的教练说的话是，跳完这次比赛你就能回家吃到妈妈做的馅饼了，最终这位运动员用自己的毅力和不屈不挠的精神赢得了比赛。同样是暗示，同样可以看作正面的积极暗示，但是却出现了不同的结果，可见就算是正面暗示，对人的影响也是不同的。所以在有些十分重要的时刻，强调达成目标的重要性没有错，但是过分的强调则会给人的心理上带来压力，就会使人不但无法超常发挥，而且还会造成适得其反的局面。如果想用暗示的方法让人达到某个目标，绝不是要我们不断地强调成功有多重

Part 8
疗愈与暗示：告诉自己，你一样可以有高层次的人生

要，而是让它多一些生活的气息，让它简单点，这样人在心理上有轻松的感觉，但是行动上却不会放松，如此才有可能超常发挥，取得一个好成绩。

对同样一件事情，有人觉得这暗示了接下来在自己身上会发生不好的事情，然后就真的"如愿"了；而有的人则认为这是一件好事，证明不久后会发生一些好事，没多久也心想事成了。其实很多时候事情会朝哪一个方向发展，是靠人来决定的，你相信自己可以，就会为这件事付出努力，往往就会收获成功；当你觉得自己无论如何也做不到，自然也不会有什么积极的行动，继而"如愿以偿"地失败了。你给自己什么样的暗示，就会收获什么样的结果，谋事在人，成事在天，努力去做的事不一定能成功，可是如果还没做就先怕失败的话，是无论如何都不会成功的。

有的人受到心理暗示后，非常容易受影响，对这些人来说，就有可能被有心人利用、操纵，成为受害者。我们知道人性都是存在着弱点的，我们的人格存在着缺陷，会受到心理暗示的影响。前面已经说过，我们无法让自己不受影响，所以在这样的情况下，为了让自己不被心理暗示的消极方面所影响，我们应该多给自己积极的暗示，才不会让自己被消极情绪掌控，成为一个真正的失败者。总是自我心理暗示对我们既有利又有弊，我们不能因为它对我们有好处，就无限夸大它的作用，它并不是万能的；同样我们也不能因为它存在不好的影响，就全盘否定它，我们应该在力所能及的范围里控制它，让它为己所用，才能最好地发挥出自己的优势。

自制力
如何掌控自己的情绪和命运

【智慧屋】

你可以保护自己

虽然说消极的心理暗示会让人产生不良情绪,但是我们可以避免这种情况出现。你可以经常给自己积极的暗示,时间一长它就会在你的潜意识中占据一席之地,如此消极的情绪就不会那么容易出现。所以你完全可以选择让自己处在哪种情绪下,从而保护自己让自己不受伤害。

Part 8
疗愈与暗示：告诉自己，你一样可以有高层次的人生

你本来就很美

人们常说："爱笑的女孩运气不会太差。"笑是一件非常容易的事，任何人都可以轻易做到。一个爱笑的人，会带给别人温暖的感觉，也给人留下"好相处、脾气好"等印象，尤其这种是第一感觉的时候，会给人留下非常深刻的印象。但是很多人不愿意笑，因为他们觉得自己身上都是缺点，周围都是烦心事，没有什么值得高兴的。人们时常拿出一个标准，将自己和他人进行比较，然后发现别人几乎在所有方面都比自己强，他们有着聪明的头脑、高于常人的情商、体面的工作、美满的家庭，等等。好像自己和别人相比，自己就是个失败者，容易产生自卑心理。可实际上我们"自卑"这个结论并不是来源于某一事实，而来自我们对这件事的评价。举个例子说，我们并不擅长设计，但是却被分配了一项"做一个设计图"这样的任务，我们据此得出了结论：自己不行，自己是个失败者。这个结论显然是不正确的，我们也不能把"能不能完成设计图"当成判断一个人成功与否的标准。拿别人的优点和自己的缺点比较，当然比不过，原本这个起点就是不一样的，这样再一比较，自然就产生自卑心理，就在无形中给了自己消极的暗示，我们由此越来越烦躁，心情也很糟糕。

给自己积极暗示的人，心里仿佛存在着一个贴心的美容师。她会在你自己都没有意识到的时候，悄悄地改变着你的皮肤，让你看

自制力
如何掌控自己的情绪和命运

上去精神抖擞、容光焕发、充满活力。如果你注意到那些时常微笑的人就会很容易发现：他们身边的人也时常微笑。因为心中满足，所以觉得快乐，而微笑就是最好的表现方式，而他们这种情绪也会传染给身边的人，而且你还会看到，和这些人一样的同龄人相比，他们往往看起来更加年轻。

今天是晴天，我们不喜欢，因为太阳太大会把我们晒黑；今天是雨天，我们还是不喜欢，因为出门要打伞很不方便。不管是晴天还是雨天，我们总是有各种理由不满意，可是世界上的事哪能尽如人意，再说如果一个人看事情只看到不好的那一面，那么他永远也不会快乐。我们羡慕别人，看起来那么幸福、那么美满，但却忽略了自己身边的幸福。也许我们没有家财万贯，但是至少我们衣食无忧，不要总是把眼神放在别人身上，这样永远也看不到自己拥有的，只能看到自己没有的，这样的人是可悲的。人们常常追求自己没有的东西，以为自己不幸福是因为缺少了它们，殊不知我们之所以不快乐，只是因为我们不想让自己快乐。外界的东西固然能让我们感到快乐，但是那快乐是短暂的，只有一个人内心的快乐，才是永远的快乐。我们习以为常的东西，恰恰是最容易被我们忽略的，不能把握自己拥有的东西，只追求自己没有的，当我们失去这些东西的时候，再感觉到它们的珍贵也为时已晚了。世上没有后悔药，失去的东西也不会再回来，我们能做的就是珍惜自己拥有的，别给自己留下遗憾。

别人做了某件事成功了，被人夸奖，我们也想成功，所以我们也去做了那件事，然而多次后发现，无论自己怎么努力都做不到，但这并不能说明我们是个失败者。因为一个人成功并不在于他做到了和别人一样的事，而是在遇到困难的时候能坚持不懈地做下去，不轻言放弃。有了这个奋斗的过程，即便最后没能成

Part 8
疗愈与暗示：告诉自己，你一样可以有高层次的人生

功，但在另一种意义上来说他还是成功的。我们不能拿别人的标准来要求自己，这是一种错误的比较方法，这个标准本身就是不正确的。

每个人在这世上都是独一无二的存在，所以我们不必"像别人那样"优秀，因为那样的优秀是他们的，而我们不是他们。当我们找到属于自己的幸福时，我们就是幸福的，这种幸福是只属于我们的，别人无法抢走。如果你喜欢唱歌，就不必羡慕别人会弹钢琴，唱歌这件事对你来说就是件快乐的事，你喜欢唱歌并且时常唱歌，这并不是说你一定要去参加比赛，成为歌手。假如对你来说不开心的时候唱歌能让你开心那你就去唱；写作能让你放松那你就去写；照顾花花草草能让你心情愉悦那你就去种……总之一切能让你变得更好、更快乐的东西，你都可以去做。找到了它们，你就会变得快乐，你就不会羡慕别人总是拥有很多，其实你自己本身也拥有很多东西，只是被忽略了而已。

我们的不幸可能是没有好看的皮囊，没有出色的能力，没能坐拥财富，但有的人却连基本的生活问题都难以解决，比起这些我们真的很幸运了。总是抱怨人生的人，就好像是在自己人生的瓶子里不断地扔进去毒药，而且是慢性毒药，吃一点不会让人死亡，但是它会慢慢消耗人的精力，拖垮人的身体，原本健康的体魄就这样变得不复存在了。同样的瓶子，别人放入了希望收获的是幸福；而你放入了毒药让自己灭亡。

【智慧屋】

珍惜自己拥有的

不要被自己没有的东西蒙蔽了眼睛，我们之所以感到不快乐，

自制力
如何掌控自己的情绪和命运

是因为我们想要的太多。心灵的承受能力是有限的,当我们把眼光放在别人拥有的东西上面,就会看不到自己有的,其实不必去羡慕别人,我们有的才是最好的。要记住:你就是最美的,所以珍惜自己的一切,不要等到失去后追悔莫及。

让最有能量的情绪主导你

既然我们给自己正面的心理暗示,就有可能让人成功,那么是不是说我们单凭想象,就能心想事成了?答案自然是否定的,在我们热烈地期望得到某样东西或者想要达到某个目标时,才会得到一种力量,这种力量坚定地支持着我们,使得我们可以摒弃一切杂念,专心致志地做这件事。凡事都怕"认真"二字,所以当一个人的信念非常强烈,他才会竭尽全力去拼搏,仅仅依靠语言表达是不够的,最重要的是要做。

有两个年轻人生在一个比较落后的小山村里,年轻人都擅长做木工,是当地有名的木匠工人。他们两人都不甘心一辈子就窝在这么一个落后的地方,于是走出山村,住进城市,变成城里人成了他们的目标。其中一个木匠想快一点实现梦想,他有很多想法,比如在山洞中挖到宝藏,天上掉下来一袋钱等,但这种事发生的概率小到几乎为零,所以他自然失败了。另一个年轻人平时除了做工活之外,还在有空的时候学习管理方面的知识。第一个年轻人就笑话他,说这么努力也没有用,还不如等有钱人把这里开发成景点,这样他们什么都不用做就能赚到钱了。对此第二位年轻人回应,未来太远,谁也说不好,所以最重要的是做好眼下该做的。一晃十年过去了,第一个年轻人和十年前相比除了年龄增加之外没有丝毫改变,而另

自制力
如何掌控自己的情绪和命运

一个年轻人却在机缘巧合下,被一位富人看中手艺,于是富人出资,年轻人出技术,最后赚到的钱两个人平分。年轻人很快就在城里扎了根,生意越做越好,买了房还娶了老婆。而剩下的那个年轻人依旧在做着美梦。

同样是梦想着成功的两个人,条件一样,一个最后心想事成,而另一个却活在了梦中。古人云"纸上得来终觉浅,绝知此事要躬行。"就是这个道理。再简单的事不去做永远不会变成真的,再难的事情只要肯坚持都是能做到的。不积跬步无以至千里,只要愿意走出去,千里的距离也不是问题,回过头会发现,这都是我们一步步走过来的。别被困难吓倒,别让自己只会纸上谈兵。给自己暗示只是第一步,后面还有很多步需要我们走。要相信自己的期望一定可以给自己力量。

虽然说暗示的力量对人有很大的影响,但是并不是每个人都能让它的作用发挥出来。有的人受暗示性比较强,别人说的话很容易就被他记下来,然后影响自己的行为;而有的人受暗示性不强,一般的暗示对自己没有用,纵然他们知道自己心中的一些想法是不正确的,但还是没办法控制自己。这个时候想要让暗示发挥作用,就需要我们付出更多的努力,找出关键点进而想出更多的办法。比如说我们可以多次地重复,这就是一个很好的办法。现在被世界上很多人熟知的多米诺骨牌,原本并没有这么出名。意大利的传教士多米诺在中国待了很多年后终于回到了米兰,像所有外出后都会给家人带礼物的人一样,多米诺也没有例外,他带了很多礼物,他的女儿却钟爱小骨牌,也就是我们所说的牌九。女儿的男朋友性格比较急躁,她就用竖牌九的方法来改善,给一段时间,男朋友要在这个时间内把所有骨牌竖起来,如果做不到,惩罚是一星期都不能参加

Part 8
疗愈与暗示：告诉自己，你一样可以有高层次的人生

舞会。男朋友就是靠着这个办法，在一个多月的时间后，性子发生了很大变化，做事也不再急躁了，而且人也变得十分沉稳。受到这一启发，多米诺为了让更多的人知道骨牌，于是自己造出了大量骨牌，并发明了多种玩法，后来风靡了欧洲。所以不要小看重复，一次两次看不到什么效果，但是多次的重复却能产生翻天覆地的变化。

我们应该有积极的想法。人在某一时刻，也许只有一种情绪，也许有多种情绪，但是不可否认的是：不管是只有一种情绪还是多种情绪，在那一时刻，人的心理是被一种情绪主导的。当一个新的想法出现在人的头脑中，就会对原来的思想产生压迫，一山不容二虎，所以最后的结果往往是一种情绪战胜另一种情绪。至于是积极的情绪战胜消极的情绪，还是反过来的情况，取决于个人。

【智慧屋】

想一万遍不如做一遍

人可以有幻想，但不能沉迷幻想，毕竟再美的幻想如果不去行动的话，这一切也永远只能停留在表面，也只能是幻想。想得再多，哪怕是一万遍也是没有用的，因为这不可能成真，否则的话这个世界就乱套了。我们有期望，是因为我们想得到，而想得到又必须付出努力，你想了然后去做，做了才会实现，才能得到想要的。

自制力
如何掌控自己的情绪和命运

条条大路通罗马

人是一种十分容易情绪化的动物，外界的事物很容易会影响到我们。但是这并不意味着我们对外界是束手无策的，因为人是有选择的，人和人之间之所以有不同，除了受到环境的影响外，还有一个很大的原因是因为自己的选择。同样是站在人生的分岔路口，有的人向左，有的人向右，还有人向前，所以就这样慢慢地出现了差别，而正是这无数的选择使我们成为了现在的自己。面对困难的时候，有人给自己加油打气，让自己积极地面对；而有的人恐惧、退缩，不逼到最后不会去迎战，即使是这样，最后的结果也往往以失败而告终。学会给自己积极的心理暗示，能让人在面对逆境时有勇气、有信心，进而完成心中的目标，取得最后的胜利。

不要忘记微笑。在与人交往的过程中，微笑是一种非常神奇的力量，是一种有力的工具，它能在短时间内，让陌生人之间迅速拉近距离，表达了对对方的欣赏和友善。微笑除了是人际交往的催化剂外，还会对自己的成长有帮助。每天早上出门之前，照镜子微笑，告诉自己："今天是美好的一天，我也要加油！"然后带着微笑出门，你会发现自己以前未曾注意过的美好的事物，可能是一位母亲送孩子上学，可能是司机在绿灯前停下车让斑马线上的老人先过，也可能仅仅是因为你看到了路边的小花争相绽放，这一切的一切都会让你觉得开心，让你的心情变得美丽。我们知道快乐是会传染的，所

Part 8
疗愈与暗示：告诉自己，你一样可以有高层次的人生

以当我们微笑的时候，身边的人也会不自觉微笑，正如歌词中所说："只要人人献出一点爱，世界就会变成美好的人间。"不要吝啬自己的微笑，虽然这不过是一个简单的动作，但是它却有着不可忽视的强大力量。

学会肯定自己。其实每个人都可以变得优秀，成为别人眼中很厉害的人，但是因为遭受了太多的挫折，所以即便是心理素质再强大的人有的时候，也会觉得自己是个失败者。不管是谁，都必然会品尝到成功的果实和失败的酸楚，它们都是我们成长过程中的必经之路。失败的滋味并不好受，但是我们这次的失败只是为我们下次的成功做了铺垫，有了它我们能清楚地认识到自己错在哪个地方，找出不足才能更好地解决问题。有时人运气不好，可能遇到"喝凉水也塞牙"的情况，但是切不能因此否定自己。我们应该相信这一切不过是小困难而已，自己其实是很棒的，多鼓励自己、为自己喝彩，能激起你的斗志，当你全心做一件事的时候，全世界都会为你让路。如果真的有很不顺心的事了，可以把这些坏情绪合理地发泄出来，大哭一场或是写日记都是可以的，当我们能再次站起来的时候，就一定能否极泰来，有一片全新的天地。

换一个习惯语。现在很多人都有自己的习惯用语，也就是我们所说的口头禅，可能很多话原本只是随口说说而已，但是说得多了就变成了一种习惯，习惯容易成自然。想象一下有这样两个人，当你有一次提了一些有意思的想法，告诉这两个人的时候，一个人说"没意思，我还不如回家看会电视。"另一个说"这个想法还不错，你是怎么想到的？说来听听。"你更愿意和哪一个人交流下去？选第二个人的概率应该非常高，我们选第二个人不仅仅是因为他认同我们的想法，更多的是因为和这样的人待在一起会非常舒服。第一个人习惯性地说出"没意思"，一次两次你觉得心里不太舒服，等到多

自制力
如何掌控自己的情绪和命运

次以后就不愿意再和他说话了，因为说这些话的人，性格也不会很讨喜，跟这样的人做朋友，我们除了经常遭到打击之外，还会让自己的心情变得糟糕。时常说出否定、抱怨、消极的话的人，就像是一个不断给自己身上的包袱加石头的旅人，总有一天他们会拖垮自己，如果和他们做朋友，他们也会拉着你，不让你走。遇到不顺心的事，抱怨没有用，哭诉也没有用，只有鼓起勇气，用自己的毅力和头脑才能排除万难。如果自己的习惯用语是消极的、抱怨的，就应该及时地改变了，别让自己把自己拖垮了。

培养幽默感。一个幽默的人不会在意外界的流言，当面对困境的时候，遇到尴尬的时候，突然冷场的时候，用幽默都可以轻松化解。一个有幽默感的人，心胸必然不会狭窄，他不会因为遇到挫折就一蹶不振；遇到棘手的问题，他也能以积极乐观的心态去面对，因为他知道没有必要为了一些不值得生气的事惩罚自己。当一个人拥有了幽默感，在遇到不愉快的事情时，不至于控制不住自己的坏情绪，用理智思考的人，很少做错事。当一个人有了幽默感，遇到不顺心的事情时，就会不自觉地用它化解。人心情好的时候，通常办事效率迅速，而且完成的也十分完美；而当人心情不好时，即便是简单的任务，也可能不断地出错。尤其是当人的压力太大的时候，恰到好处的幽默能让人减轻压力，我们知道人的心里有了压力，不断地积累，等达到某个临界值时，就会爆发，许多人精神崩溃，往往都不是因为某一件事，只不过那件事成了压死骆驼的最后一根稻草，所以人应该学会给自己减压。

少给自己贴坏标签。有的人总是缺乏自信，这就导致他不管是在人际交往过程中还是展现自我的时候，时常和别人说"不行，我做不好。""还是你来吧，这是你擅长的。""我太笨了，这不是我能做到的。"等这类的话，给自己贴上"不行"的标签，在无意中把

Part 8
疗愈与暗示：告诉自己，你一样可以有高层次的人生

这些负面暗示带给自己，久而久之就会和自己变成一体，最后打败你的不是外界、不是别人，而是自己。当发现自己经常性地责备自己、怀疑自己的时候，就要小心了，应该认真想想自己是不是被灌输了太多的负能量，如果答案是肯定的，就应该及时做出一些措施，逐渐减轻这种伤害。

【智慧屋】

好方法可以助你改变人生

给自己心理暗示的方法有很多种，但不管是哪一种，都需要我们有所行动。可以是每天对自己说一句鼓励的话，可以是多微笑，即便是最简单的小事，只要我们能坚持下去，也一样可以发挥出巨大的作用，也正是这一点一滴的改变，最后才让我们的人生轨迹发生改变。